鮮新世から更新世の古海洋学

珪藻化石から読み解く環境変動

小泉 格

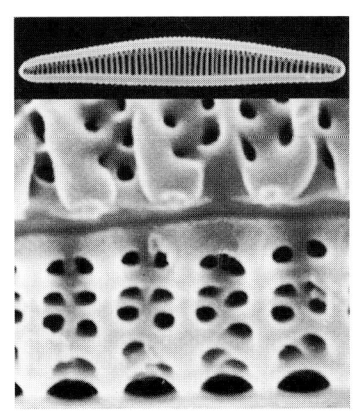

東京大学出版会

Paleoceanography of the Pliocene to Pleistocene Epochs

Diatoms Tell the Story of Environmental Changes

Itaru KOIZUMI

University of Tokyo Press, 2014
ISBN 978-4-13-066711-1

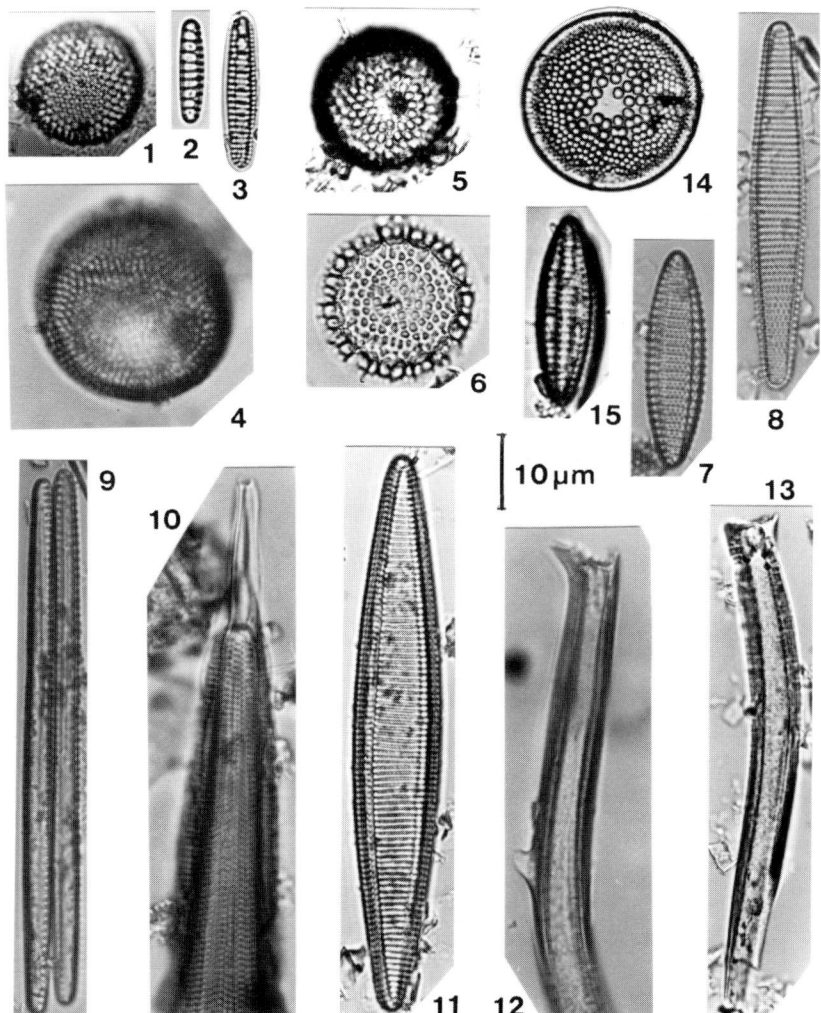

口絵 珪藻温度指数（T_{wt} 比）の珪藻化石構成種と *Thalassionema nitzschioides* Grunow. 種名は p. ii を参照.

口絵の種名と産出試料

温暖種（X_w）
1：*Thalassiosira miocenica* Burckle, DSDP 579A-9-1（30-31 cm）
4：*Thalassiosira convexa* Mukhina, DSDP 578-13-1（135-136 cm）
5：*Thalassiosira praeconvexa* Burckle, DSDP 581-4-1（98-99 cm）
7：*Nitschia jouseae* Burckle, DSDP 579A-12-2（16-17 cm）
8：*Fragilariopsis fossilis*（Frenguelli）Medlin & Sims, DSDP 579A-9-1（22-23 cm）
10：*Rhizosolenia praebergonii* Mukhina, DSDP 579A-7-1（23-24 cm）
11：*Fragilariopsis reinholdii*（Kanaya emend Barron & Boldauf）Zielinski & Gersonde, DSDP 580-6-4（25-26 cm）
15：*Nitzschia miocenica* Schrader, DSDP 581-4-2（98-99 cm）

漸移的温暖種（X_t）
9：*Thalassionema nitzschioides* Grunow, DSDP 579A-7-4（23-24 cm）

寒冷種（X_c）
2：*Neodenticula kamtschatica*（Zabelina）Akiba & Yanagisawa, DSDP 183-18-2（80-82 cm）
3：*Neodenticula koizumii* Akiba & Yanagisawa, DSDP 183-11-3（80-82 cm）
6：*Thalassiosira nidulus*（Tempère & Brun）Jousé, DSDP 192-9, CC.
12：*Proboscia curvirostris*（Jousé）Jordan & Priddle, DSDP 192-4-5（15-17 cm）
13：*Proboscia barboi*（Brun）Jordan & Priddle, DSDP 183-19-2（80-82 cm）
14：*Actinocyclus oculatus* Jousé, DSDP 183-9-3（130-132 cm）

はじめに

　現在と未来は人類活動が自然環境を凌駕する時代である．その兆候が近年に多発している異常気象である．人類は活動を自制して自然環境と共存することが求められている．わが国の自然史科学は，これまで人間活動の歴史的変遷や社会文明の発達に関連づけられてこなかった．文明を発展させ社会に繁栄をもたらす長期におよぶ人類の英知が，今，あらゆる分野に求められていることを，とくに次世代の研究活動を期待される学部学生と大学院生のために，前著では『珪藻古海洋学——完新世の環境変動』と題して，現在を含む過去1万3000年間の気候変動について詳述した．しかし十分に周知されたかどうか非常に不安である．

　本書では，未来の気候予測をするためのデータベースとして重要な過去500万年間における気候変動の変遷を解説する．北西太平洋中緯度域から掘削・回収された海底堆積物コアに含まれている珪藻化石群集を解析した結果を中心として，鮮新世温暖期，鮮新世から更新世への移行期における北半球氷床の形成開始と拡大，更新世氷河期，過去の気候変動に基づく未来予測を解説する．

　地球環境（とくに気候）システムの変遷を総合的に評価して，地球の歴史を理解しようとする代表的な古気候アーカイブは海底堆積物コアである．深海掘削計画による採泥に関わった研究では，海底堆積物を乱さずに連続して回収し，さらに1つの試料から地球科学のさまざまな分野における最先端の分析手法を駆使して得た古気候プロキシの記録を共同で解析して統合している．

　第1章では，そのために海底堆積物を採取する各種の方法について述べるとともに，北西太平洋における歴代の代表的な深海掘削計画について概説する．

　第2章では，大陸配置，海流系，北半球での氷床規模，大気中 CO_2 濃度

などの地球環境システムにおける境界状態が現在に類似している最も新しい地質時代である鮮新世（530-260万年前）の温暖気候を解説する．現在より平均3-9℃高い著しく温暖な気候が長期にわたって持続した，この時代の古気候プロキシと気候モデルを理解することは，近い将来に起こると予測されている「温室型」地球の状態を理解することにつながり，生態系と経済の適合，社会連携，政策立案などに役立てるために重要であると考えられる．

第3章では，大気海洋循環システムに外部強制力として長期にわたって加えられた地殻の構造運動（中米海路の閉鎖やインドシナ海路の縮小，ヒマラヤ-チベット台地の隆起など）が全球的な大気と海洋の大循環や地球表層の岩石類を風化する速度に変化を引き起こし，地球軌道要素（離心率，地軸傾斜角，歳差）の変化による太陽放射（日射）量の変化などと相乗的に結合して，360万年前に北半球へ氷床形成をもたらし，240万年前に終了したことを解説する．この鮮新世から更新世への移行期における大気と海洋の循環システムが徐々に変化して，大陸を寒冷かつ湿潤にし，大陸氷河や氷床を形成し拡大させた．その結果，地球気候は温暖状態から寒冷状態へと変化した．地球環境の動的経過を時系列で読み取ることによって，地球気候の未来予測を考える場合の試行過程となり得る．

第4章では，第四紀更新世の気候状態を解説する．現在を含むこの最も新しい地質時代は，北半球中～高緯度の北方域に大陸氷床が広く発達した「氷室型」地球である．日射量の変動と火山活動を主体とする自然強制力によって起こった気候変動が気候プロキシに高精度で良好に保存記録されている．更新世氷河期の研究では，底生有孔虫殻の酸素同位体比 $\delta^{18}O$ と氷漂岩屑による成果が著しいが，日本周辺海域における珪藻化石群集に基づく古海洋解析の研究成果を中心に改めて紹介する．

第5章では，これまで紹介してきた過去500万年間の気候変動と比較しながら，IPCC（Intergovernmental Panel on Climate Change，気候変動に関する政府間パネル）第4次報告書（2007）と第5次報告書（2013）が予測している，次の5万年間は氷期の開始なしに全球温暖化が進行する根拠，すなわち地球軌道要素の変化によって日射量が減少するにもかかわらず，次の5万年間に人類が放出し続ける温室効果ガスが増加するために，氷期が始まる

ことなく，全球の温暖化が継続すると予測している事実を紹介する．過去と未来の気候状態を比較するために，よく利用されるのは気候モデリングによるシミュレーションであるが，事実としての過去の気候プロキシに基づく高時間分解能の分析と解析結果が最も重要である．しかし，この分野の研究がわが国では著しくおくれており，その現状を打破する努力の第一歩が本書の目的でもある．

　1940年ころに最高となった20世紀前半の昇温は，主に自然要因による日射量の増加が原因であった．しかし，20世紀後半の全球的な昇温の原因は，人類活動による温室効果ガス（主に大気中のCO_2濃度）の増加である．人類は化石燃料を燃焼し続けたことによって，大気中CO_2濃度を産業革命前の280 ppmから2013年の396 ppmへ約250年間に急速に増加させてきた．IPCC第4次報告書（2007）によれば，複数のモデルによる予測結果は現在の増加率で大気中へCO_2を放出し続ければ，大気中のCO_2濃度は90年以内に産業革命前の2倍の560 ppmに達し，全球の年間平均での表層温度は現在より約3℃増加すると見積もっている．この数値は大気中の水蒸気量や海氷，雲，エアロゾルなどのように迅速に変わりやすい不確実性の高いフィードバックのみに基づいて予測された結果である．しかし，現実の地球環境システムには，大陸氷床の広がりや陸上生態系などのような長期のフィードバックの効果も存在している．大陸氷床（ice sheet）とは，大陸を平均の厚さ2 kmで覆う大陸氷河のことで，全世界の氷河氷の90％は南極氷床，9％がグリーンランド氷床，残りの1％が山岳氷河である．また気候システムの熱は地表だけでなく，その90％以上は海洋に吸収されている．水温上昇は海面から深層へ，そして海洋全体が温暖化した後に再び地上気温が急上昇するのである．さらに第5次報告書（2013）でも人類活動による地球温暖化が確実に進み，時間が経つにつれて対策が困難になっているとされている．

　将来の気候予測は，大気や海洋の流れに関する熱力学を物理方程式で計算する3次元気候モデルによって試行されるシミュレーションの計算結果に依存している．現在から100年先までといった長期間にわたる気候変動の予測には，現代測器によるせいぜい過去150年程度の短期間の観測データのみでは不十分である．そのために，モデル内部において自前の計算を試行錯誤し

ながら行っている．さらに，大気と海洋を結合させたモデルでは，現実とかけ離れた気候状態へ移行する「気候ドリフト」が起こるために人為的な修正を行うが，このこと自体が気候モデルの不完全さを示すものである（Haywood *et al.*, 2009）．

　このように，現代測器による150年程度の観測データとそれを記述する気候モデルのみでは，未来の環境シナリオを予測することは困難である．しかし，地球史における地質学的データの類似性と過去の地球環境とを未来の気候変化として理解するためのガイドとして使って，気候予測モデルによる結果の妥当性をテストすることはできる．過去が未来へのガイドとなり得ると考える理由は，18世紀末に地質学者ジェームス・ハットンが提唱した斉一説（地質時代の堆積岩や岩石に残されたさまざまな記録は現在地表で起こっている諸現象と同じような過程によって形成された結果である）にある．斉一説はチャールズ・ライエルの『地質学原理』（1830-1833）によって普及した．実際に起こった過去の気候変動を観測データのレベルにまで精度を上げて再現することが，気候モデルによる未来予測に信頼性を与える第一歩である．堆積物や樹木年輪に記録された間接指標（プロキシ）から過去の温度や湿度，温室効果ガスの濃度を復元し，それらの気候システムにおける役割を理解した上で，将来の気候を推測するガイドとして用いることが肝要である．地質時代のプロキシ記録は，大規模で広域におよぶ急激な気候変化がくり返し起こってきたことを示している．いくつかのメカニズムがそれらの変化を説明する仮説として提唱され，複数の古気候モデルによる仮説の検証も試行されている．これらに関連した研究がわが国で1日も早く活発になされることを期待して，これらの事実を解説して紹介する．

目 次

はじめに iii

第 1 章　古気候アーカイブとしての海底堆積物 ——— 1
1.1　ピストン・コアリング　3
1.2　パイロット・コアラー　8
1.3　ロング・ピストン・コアリング　9
1.4　発展型ピストン・コアリング　10
1.5　深海掘削計画による海底堆積物の研究　11
　（1）北西太平洋中緯度域における DSDP Leg 86　13
　（2）日本海における ODP Legs 127-128　14
　（3）北太平洋高緯度域の東西横断における ODP Leg 145　15
　（4）カリフォニア縁辺域における ODP Leg 167　16
　（5）三陸沖における DSDP Legs 56-57, 87 と ODP Leg 186　17
　（6）ベーリング海における DSDP Leg 19 と IODP Expedition 323　17
コラム 1　ドリフト堆積物　19

第 2 章　鮮新世温暖期 ——— 21
2.1　北西太平洋中緯度域における珪藻化石群集　24
2.2　珪藻温度指数（Td' 値）による SST（℃）の復元　29
2.3　珪藻群集の系統進化　37
2.4　珪藻生産　39
2.5　特徴的な珪藻化石 2 種の出現　44
2.6　熱帯サイクロンの発達と海流の風成循環　46
コラム 2　大気大循環　48

コラム 3　地球軌道要素　50

コラム 4　LR04 年代モデルと MIS（海洋酸素同位体ステージ）　52

第 3 章　鮮新世〜更新世の寒冷化移行期 ─── 55

3.1　北太平洋中-高緯度域における珪藻化石群集　58

　（1）中緯度域　58

　（2）日本海　59

　（3）高緯度域　60

3.2　ヒマラヤ-チベット台地の隆起　60

3.3　中米（パナマ）海路の閉鎖　63

　（1）海洋循環モデリング　66

　（2）大気循環モデリング　68

3.4　インドネシア海路の漸移的縮小　70

3.5　温度躍層の浅層化　73

3.6　塩分躍層の成立　75

3.7　大気中 CO_2 濃度の減少　76

3.8　地球軌道フォーシング　78

コラム 5　アフリカ大陸南西沖のベンガル湧昇域　81

第 4 章　更新世氷河期 ─── 85

4.1　風成塵（黄砂）　89

4.2　千島-カムチャツカ弧の火山活動　90

4.3　珪藻化石群集による更新世の古海洋解析　91

4.4　日本周辺海域における最終間氷期〜最終氷期の古海洋環境　95

　（1）東北日本太平洋側の沖合　95

　（2）日本海　98

　（3）津軽海峡付近　100

4.5　ジャワ島南方沖における第四紀後期の海流変動　103

4.6　最終氷期における数百〜数千年スケールの気候変動　106

(1) ダンスガード・オシュガー・サイクル　106
　　　(2) ハインリッヒ事件　107
　　　(3) ローレンタイド氷床の崩壊　109
　　コラム6　西暦年間における大気中CO_2濃度の減少　110

第5章　過去の気候変動に基づく未来予測 ── 113

　5.1　早期人類による温室効果ガスの放出　117
　　　(1) 二酸化炭素CO_2　118
　　　(2) メタンCH_4　119
　　　(3) 早期人類活動が放出した温室効果ガスの気候への影響　121
　　　(4)「氷床形成の遅延」仮説　122
　5.2　気候変動の予測（過去-現在-未来）　123
　　　(1) 南極大陸の氷床コア　124
　　　(2) 南極海，南大西洋　129
　　　(3) グリーンランドの氷床コア　133
　　　(4) グリーンランド近傍の海底堆積物コアとグリーンランドの植生　134
　　　(5) 北大西洋の海底堆積物コア　134
　　　(6) 北大西洋中緯度域の海底堆積物コアとヨーロッパ大陸の植生　138
　　　(7) 東赤道太平洋　140
　　　(8) 東太平洋カリフォルニア沖　141
　　　(9) 中国レス（黄土）台地の東アジアモンスーン　143
　5.3　未来予測のモデル・シミュレーション　144
　　　(1) LLN 2-D NHのシミュレーション　145
　　　(2) LLN 2-D NH気候モデルのシミュレーション　146
　　　(3) LLN 2-D NH気候モデルとLGGE 3-D氷床モデルの
　　　　シミュレーション　148
　　　(4) MoBidiCのシミュレーション　150
　　　(5) GENESIS 2気候モデルのシミュレーション　150
　　　(6) 東アジアモンスーンの変動に基づく未来予測　153

おわりに　155

引用文献　157
索引　171
原図表出典一覧　173

第1章
古気候アーカイブとしての海底堆積物

　現在の気象学や気候学が取り扱っているのは，測定機器によって得られた観測データであり，それらによって季節や年々変動，数年～数十年スケールの気候変動を理解することは可能である．しかし，産業革命後の近代においては150年程度までしかさかのぼることができない．それゆえ，全球ないし半球規模の気候変化や変動を充分に理解するためには，長期間にわたる環境変動を記録した古気候の間接指標（プロキシ）を用いた研究が不可欠である．

　地域の環境変化から地球規模の変化までを理解することが可能な古気候プロキシは，過去から現在までの地球表層における環境（主として気候）の変化や変動を復元することができる代替（間接）指標である．それは古気候アーカイブと呼ばれる過去の環境（気候）変動を保存している海底堆積物や氷床の柱状試料（コア），樹木年輪，サンゴ年輪，石筍，古土壌，湖沼堆積物，などに記録されている．

　古海洋研究における代表的な古海洋（気候）プロキシは海生微化石である．海生微化石は地球表層の70％を占める広汎な海域に分布している堆積物中に含まれており，精密で詳細な化石記録を残していること，個体数が多いこと，同一試料中に他の分類群の微化石グループが同時に存在すること，さまざまな環境条件の中から産出すること，環境変化による形態上の影響を受けやすいこと，などが特徴としてあげられる．微化石の形態は遺伝の影響も受けるため，形態の変化には環境と遺伝の両方が関与している．すべての微化石研究の基盤となる分類の主眼は，種間の系統進化上における関係を決定することにある．それゆえ，環境変化からもたらされる形態変化を系統進化に

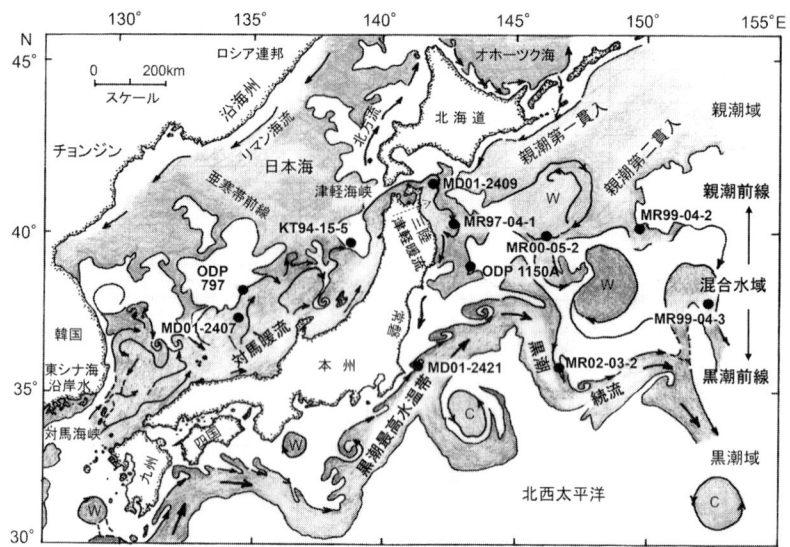

図1.1 本書で言及する日本周辺の海域から採取された海底堆積物コアの位置と水塊および海流系との関係．KTとMR：通常のピストン・コア．MD：ロング・ピストン・コア．ODP：発展型ピストン・コア．

よる形態変化から区別する必要がある．しかし，環境と形態変化の明確な法則はほとんど分かっていない（Koizumi and Yanagisawa, 1990; Shiono and Koizumi, 2001, 2002）．

　海洋の水柱を沈降する生物遺骸と泥や砂などの鉱物粒子群（束）とが，現在と過去とをつなぐタイムトンネルの旅人であり，海底に沈積した歴史の証人として海底堆積物の構成物（海生微化石）となる．それゆえ，海底堆積物の表層部分は「地質学的に現在」であり，過去への窓口となる．海底堆積物を乱さないで採取し，堆積物を構成している粒子組成をさまざまな方法を使って分析し，変化や変動の地域性と時間経過を解析して法則性を見いだすのみならず，他の地域との相関性や変動の延長上における近未来の変遷を予測することが重要である．

　日本周辺の海域においては，これまで多数の海底堆積物が採取されてきた（図1.1）．しかし，それらの試料を用いた研究は個別の分析や解析のみに終始しており，分野が異なる分析や解析データを総合的に取りまとめて評価す

る研究がなされてこなかった．そのために，データの普遍化が行われず，貴重なサンプル（試料）やデータ（資料）が活用されずに死蔵されている．研究分野において国際的に解決すべき問題と目的を把握し取り組むことが重要である．

1.1 ピストン・コアリング

　海底に降り積もった堆積物の層を乱さないで採取するピストン・コアリングの方法は，スウェーデンがアルバトロス号によって世界一周の深海探検（1947-1948年）を行った際に開発し実用化された．この探検の時に，世界で初めてのピストン・コアリングによって長さ10 mを超える深海堆積物が柱状の岩芯（コア）として採取された．

　1960年代後半には，コロンビア大学ラモント・ドハティ地質研究所が開発し実用化した連続反射式地震探査法によって，航海中の船上で海底下数kmまでの地質構造をモニターでとらえながら，任意の地点で船を停めて海底堆積物のコアリングができるようになった．採泥管（パイプ）も継ぎ目のないパイプに改良され，採泥長が20 mを超えるようになった．同研究所は世界中の海底から採取したピストン・コア試料をコア・ライブラリーと称して有資格者の研究者に提供してきた．

　わが国の総合的な古海洋研究は，1964年に同研究所のヴィーマ号が千葉県野島崎沖の深海底から採取したピストン・コアV20-130を用いたのが最初であった（Ujiié, 1965; Kanaya and Koizumi, 1966）．その後1969-1971年には，ヴィーマ号が19-21次航海によってフィリピン海のほぼ全域から採取したピストン・コア（V19-21）の一部が譲与されて，科学研究費補助金の総合研究(A)「フィリピン海，深海底コアの総合的研究」（代表者，氏家 宏）が実施された（小泉, 1970, 1975）．さらに，日本海でヴィーマ号28次航海（V28）とロバート・コンラッド号12次航海（RC12）によって採取された約50本のピストン・コアから厳選された22本を用いて，1970-1972年の日米科学協力研究計画「日本海および周辺陸域の堆積層の研究」（代表者，村内必典）が促進された．1983-1984年には科学研究費補助金の総合研究(A)「ピスト

ン・コアに基づく日本海第四紀環境変動の解析」（代表者，氏家　宏）が追加で実施された（小泉，1977）．1972年にはヴィーマ号20次（V20）と21次航海（V21），ロバート・コンラッド号10次航海（RC10），およびワシントン大学のトーマス・トンプソン号28次航海（TT28）などによって採取されたピストン・コアの一部を用いて，北太平洋における珪藻古海洋学がまとめられた（Koizumi, 1975b）．

　日本では，1968年から東京大学海洋研究所の白鳳丸（現：独立行政法人　海洋研究開発機構（JAMSTEC）所属）がアルミ合金製の12-15 m長のピストン・コアラーを使用していた．1980年代前半には，日本が自前で採取したピストン・コアを用いた，新しい分析手法に基づく多角的な古海洋の総合研究が活発になり始めた．1982-1985年の科学研究費補助金一般（A）「酸素・炭素同位体比及び微化石による日本周辺海域の古環境復元」（代表者，大場忠道）では有孔虫殻の酸素同位体比（$\delta^{18}O$）と炭素同位体比（$\delta^{13}C$）測定，および火山灰層による年代決定，コア相互の対比などの総合研究が進められた（大場ら，1984；小泉，1984；Oba et al., 1991）．その後，JAMSTECの海洋地球研究船「みらい」によって確立された20 m長のコアリング試料を用いて，三陸沖の特別研究（1997年）とプロジェクト研究（1998-2002年）が実施された（図1.1）．これら2つの組織的研究によって東北日本の三陸～常磐沖から採取されたピストン・コア試料を用いて古海洋環境を復元する総合的研究が精力的に展開された．珪藻化石に基づいた更新世後期の古海洋環境の解析研究については第4章で紹介する（Koizumi and Yamamoto, 2005, 2007, 2008, 2010）．

　ピストン・コアリングの操作は，次の通りである：(1)船のウインチから延ばしたワイヤーの先にフックを付けた天秤（レリーズ装置）を付ける．(2)天秤の腕木にはピストン・コアラーの全長に数mの自由落下をさせる長さを加えた長さのワイヤーを取り付ける．(3)その下端にパイロット・コアラーを取り付ける．(4)コアラー全長の長さより幾分短めの長さのピストンワイヤーの先端にピストン（真鍮の円盤）を取り付けて，パイプの内部を通してコアラーの下端部に置く．(5)ピストン・コアラーをレリーズ装置のフックにつり下げ，余分なピストン・ワイヤーをループにしてコアラーの上端

図1.2 パイプ長20 m, 重さ1.5 t, 直径80 mmの中口径ピストン・コアラー. パイロット・コアラーとしてアシュラ・コアラー（マルチプル・コアラー, 内径82 mm, 長さ60 cm）が使用されている（山本浩文氏による）.

に結わえる（図1.2）.

　この装置を船のウインチを使って海中に巻き下ろし, パイロット・コアラーが着底すると, 天秤のフックが外れてピストン・コアラーが自由落下して, 海底堆積物中に突き刺さる. その時に生ずるウインチ・ワイヤーの張力のゆるみを線張計で読み取り, ウインチの巻き下ろしを停止する. ピストンは海

底面上に留まり，パイプがコアラーの自重と落下の勢いで堆積物の中に貫入する．ピストン・コアラーを抜き出す時には，ピストンがパイプ内側の上端に固定されたフランジで止まって，このフランジがコアラー全体と堆積物の全重量と引き抜き加重を支えることになる．コアラーが海底から引き抜かれるにつれて，ピストンによる吸引作用が作動して堆積物が抜き取られる．この時，堆積物がコアラーから落ちないようにコアラーの先端には真鍮性のコア・キャッチャーが取り付けられている．

採取された堆積物コアは1m毎に切断され，縦に半割された後，半分は4℃の冷蔵庫で保存され，残りは実験室で以下のような分析項目について各種の分析と測定が行われる：(1)堆積物の帯磁率，非履歴残留磁化，等温残留磁化などの磁気特性，(2)堆積物の色（色彩や明度），(3)均質部分，細互層（mm単位の縞模様），生痕，葉理などの模様と構造（堆積相），(4)火山灰，(5)含水率と密度，(6)微化石の群集組成，(7)有孔虫殻のδ^{18}O や δ^{13}C，(8)有機物のδ^{13}Cや窒素同位体比（δ^{15}N），(9)有機物アルケノン $U^{k'}_{37}$，(10)砕屑物の粒度組成，(11)生物源シリカ，炭酸カルシウム，有機炭素などの含有量，(12)鉱物組成，(13)主要な元素組成，などである．

海底堆積物の物理化学的性質，微化石の群集組成，有孔虫殻のδ^{18}Oやδ^{13}Cなどの変化が堆積物の厚さで分かっても，層準や地域で堆積速度が異なることが多いので，厚さから推定される時間（年代）を普遍化することはできない．そのために，共通尺度である年代を次のような方法によって見積もる必要がある：(1)火山灰（テフラ）層序，(2)放射性炭素同位体による年代値，(3)δ^{18}O層序，(4)地磁気極性層序，(5)微化石群集層序，などである．

日本周辺の海域には多数の広域テフラが分布しており，それらの供給源火山やカルデラの噴火年代が判明している．例えば，三陸沖合から採取されたMR99-04-2コアには，上位から77.5 cmに1万4830年前に噴火した十和田八戸テフラ（To-H），297.0 cmに3万1270年前の十和田大不動テフラ（To-Of），392.0 cmに3万9800年前の支笏第1テフラ（Spfa-1），679.0 cmに8万8000年前の阿蘇4テフラ（Aso-4）などが挟在している（図1.3）．また1575 cmの層準には珪藻化石種 *Proboscia curvirostris*（Jousé）Jordan & Priddle 出現の上限が見いだされ，珪藻化石年代尺度の絶滅示準面からこ

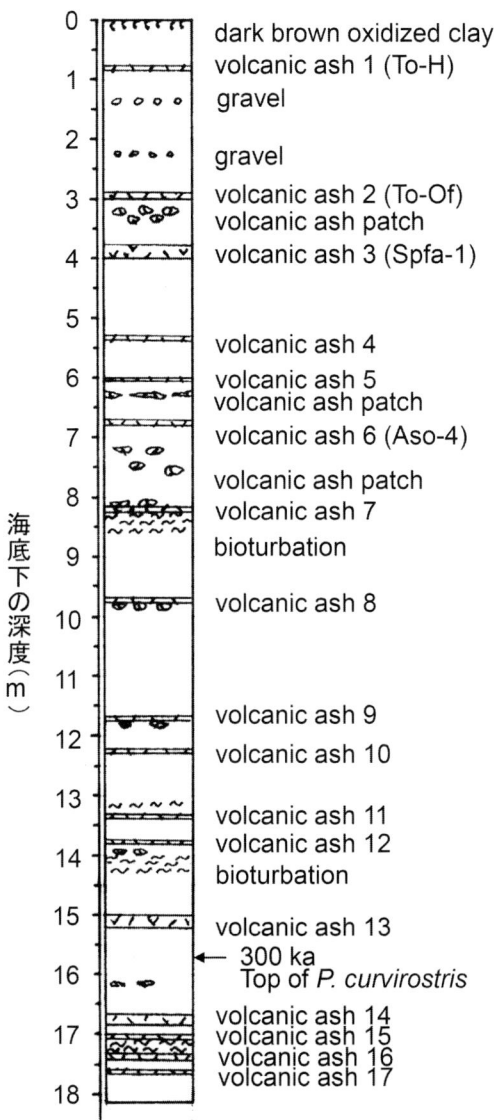

図 1.3 MR99-04-2 コアの岩相記載と分析研究の結果.

1.1 ピストン・コアリング 7

の層序の年代が30万年前であることが分かる（Koizumi and Yamamoto, 2008）．

1.2 パイロット・コアラー

　パイロット・コアラーはピストン・コアラーを落下させるレリーズ装置のトリガーとして使用される．パイロット・コアラーの代表は，グラビティ・コアラーとマルチプル・コアラー（アシュラ・コアラー）である（図1.2）．海底面は物質循環の境界である水圏と地圏の境界であるので，海底直上の海水と軟らかい海底表層の堆積物を乱すことなく連続して採取することはあらゆる研究分野にとって重要である．例えば，海底泥を滅菌した海水や培養液中で培養して，珪藻 *Skeletonema costatum* （Grev.）Cleve の栄養細胞や底生の休眠細胞の生理生態を明らかにした研究がある（板倉ら，1992）．グラビティ・コアラーは砂質堆積物を採取するのには適しているが，採取できる柱状試料は一度に1本である．1967年に舞鶴海洋気象台の観測船「清風丸」がオホーツク海の15地点から採取した表層堆積物に含まれる珪藻化石群集の水平分布が調べられた（Shiga and Koizumi, 2000）．その結果に基づいて，ピストン・コア試料に記録された時系列分布の変化からオホーツク海の海況変動が復元されている（Koizumi et al., 2003）．

　不攪乱の表層堆積物と直上の海水を採取する道具として，フレーガー・コアラーとボックス・コアラーがこれまで用いられてきた．フレーガー・コアラーは底生有孔虫を研究するためにスクリップス海洋研究所の故フレーガー教授によって考案された．内径3.5 cm，長さ80 cmのプラスチック管を内蔵する全長106 cm，重量18 kgの爆弾型のグラビティ・コアラーで，重量6 kgの重鎮がコアラー中部に挟在して上下の管がねじ切り式で連結している．上部管の先端にゴム製の弁が，下部管の先端内側にはスプリング・バケット型のコア・キャッチャーが取り付けられている．ボックス・コアラーは海底堆積物を乱さないで大量に採取するために考案された．ボックス・コアから表層堆積物を乱さないで二次的に抜き取った試料を用いて珪藻化石群集を解析した例がサンタバーバラ海盆にある．1つ目はボックス・コアにドライアイ

スとアルコールで満たした金属管を差し込んで表層の泥と上層の海水とを凍結させ，表層 10 cm のラミナ状堆積物（1971-1985 年）を採取して 1983 年のエル・ニーニョ事件を研究した例である（Lange et al., 2010）．2 つ目はボックス・コアにアクリル管を押し込んでドライアイスで凍結させた後に抜き取って，1940-1947 年と 1977-1997 年のエル・ニーニョ事件と，1947-1977 年のラ・ニーニャ事件の珪藻群集の違いを研究した例である（Barron et al., 2010）．

　最近では，パイロット・コアラーとして表層採泥器（アシュラ・コアラー）が使用されている．この採泥器は堆積物の中へ透明なポリカーボネート製の複数の採泥管（内径 8.2 cm, 長さ 60 cm）を同時に徐々に挿入させる（図 1.2）．採泥管を引き上げる際には，フックが外れて上下の蓋が閉じて密閉状態になる機構になっている．一度に 3 本の柱状試料を採泥でき，1 本ずつ独立しているので取り扱いが容易である．しかし，採泥できる長さが 30-40 cm と短い．

1.3　ロング・ピストン・コアリング

　通常のピストン・コアリングでは海底堆積物を 10-20 m の長さまでしか採取できない．もっと長く採取し，もっと古い時代までさかのぼって地球の表層環境における急激な気候変動を復元するとともに，変動の支配因子を明らかにすることを研究目的とした，International Marine Global Change Study（IMAGES；海洋環境変化に関する国際共同研究）が実施されている．堆積速度の速い沿岸域で長い連続した海底堆積物を採取するために，長さ 60 m 超のロング・ピストン・コアリングが可能なフランス極地研究所の観測船 Marion Dufresne（マリオン・デュフレーヌ；MD）号が使用されている（川幡・大場, 2001）．MD 号は総トン数 9400 t，長さ 120.75 m，幅 20.60 m，喫水 6.95 m の大型船である．

　外径 14.0 cm, 内径 12.2 cm, 長さ 14 m の鉄管をつなぎ合わせて全長 60 m のロング・コアラーとして，内部にプラスチック管を入れ，約 5 t のウェイトを付けている．このジャイアント・ピストン・コアラーは芳香族ポリアミ

ドの合成繊維（ケブラー繊維）をより合わせたケーブルにつり下げられている．ケブラー繊維は比重が小さく，耐熱性とたわみ性や強度などに強く，重量物の牽引や持ち上げに優れている．ケーブルを毎分約 60 m で降下させ海底から数十 m の水深で，天秤上部の安全装置を船上からケーブルに沿って落下させたメッセンジャーによって外して，トリガーを落下させる．コアラーが海底堆積物中に貫入した後，張力計でモニタリングしながらコアラーを堆積物から引き抜くのである．

　2001 年に日本近海で行われた IMAGES VII, West Pacific Margin の第 2 次航海によって採取されたロング・ピストン・コア試料のうち，本書では隠岐堆の MD01-2407（水深 932 m，コア長 55.28 m，岩相：粘土），下北沖 MD01-2409（水深 975 m，コア長 44.67 m，岩相：シルト質粘土），鹿島沖 MD01-2421（水深 2286 m，コア長 45.84 m，岩相：シルト質粘土）の研究成果を紹介する．

1.4　発展型ピストン・コアリング

　深海掘削計画（Deep Sea Drilling Project；DSDP）では海底堆積物の回収率がよく，堆積間隙や乱れのない連続した堆積物を回収するために，1980年に水圧式ピストン・コアラー（Hydraulic Piston Corer；HPC）を導入した後，4.45 m のコアバレルを改良して 9.5 m の堆積物を完全に回収できるようにした発展型コアラー（Very Long Advanced Piston Corer；APC）が常用されている．コアラー先端部のビットを回転させながら堆積物を掘り進む代わりに，ポンプで注入した高圧の海水がドリルパイプを通して秒速約 6 m でコアバレルを堆積物中に押し込むのである．コアビットが回転しないので，元の堆積構造を保持したままの堆積物を変形させないで回収することができる．発展型ピストン・コアラーでは剪断強度が 1200 g/cm^3 までの堆積物を貫入するが，堆積物の固結度が増大するにつれて回収率が悪くなる．そこで 1981 年以降は，伸張バネをコアラーに取り付けて堅く締まった堆積物をも採取できるようにした伸張式ピストン・コアラー（Extended Core Barrel）が併用されている．

DSDPは1975-1983年に国際化されて，国際深海掘削計画（International Phase of Ocean Drilling；IPOD）となったので，APCによって回収された不攪乱で連続した堆積物コアを誰もが観察し，分析や解析ができるようになり，古海洋環境の国際的な研究は著しく進展した．その結果，半球規模の激しい気候変動が1000年程度の周期性をもって生じており，気候が寒冷モードから温暖モードに移り変わる時には数十年程度で急激に変化していることが分かってきた．そのために計画研究の課題は変動の原因と伝播機構の解明にレベルアップされた．

　地球環境に関わる研究の手順は，第一にデータベースとしての大気-海洋-雪氷-土壌-植生などの「気候システム」を構成しているさまざまなサブシステムにおける変化，それ自体とそれらの相互関係を明らかにすること，第二に外部強制力として太陽活動の変化とともに，地球軌道要素の変動によって地球が受け取る太陽エネルギーの強度（日射量）が場所や季節によって変化することに関連づけること，第三に内的強制力として「気候システム」の中に含まれているさまざまな時間スケールもまた相互に関連し合っていることを解析して，地域の詳細な環境変化を地球全体との関係のなかで総合的に解決することである．このことは前書『珪藻古海洋学—完新世の環境変動』（2011）において詳述した．

1.5　深海掘削計画による海底堆積物の研究

　米国主導で1968年に開始されたDSDPは1975年に国際化された．しかし，1983年にグローマー・チャレンジャー号が老朽化したためにDSDPはLeg 96で終了した．後続として1985年に石油掘削船SEDCO/BP-471を改造したジョイデス・レゾリューション号が就航して，国際深海掘削計画（Ocean Drilling Program；ODP）が開始された．2003年には，統合国際深海掘削計画（Integrated Ocean Drilling Program；IODP）が日米主導で開始され，2005年には日本が新造したライザー掘削船の地球深部探査船「ちきゅう」が投入された．

　ジョイデス・レゾリューション号は地球環境変動の解明を科学計画の主目

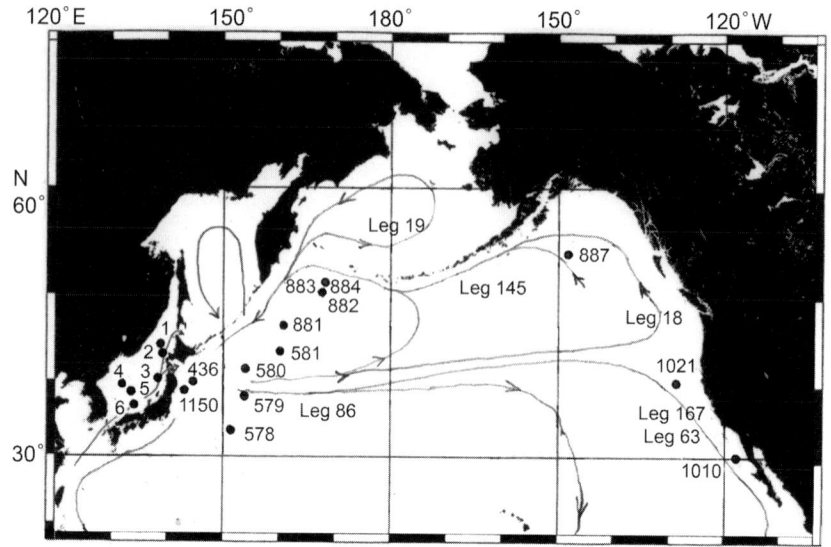

図1.4 北太平洋における古海洋研究を目的とした深海掘削計画（DSDP，ODP）の航海（Leg）と掘削地点（Site）．日本海における 1: Site 795, 2: Site 796, 3: Site 794, 4: Site 799, 5: Site 797, 6: Site 798である．矢印の黒線：主な海流系．

的としている．とくに，将来の気候予測を確実にする観測データと気候プロキシに基づく高時間分解能の解析に重点がおかれている．「気候システム」は総合システムである．さまざまなサブシステムは相互に作用をおよぼし合いながら非線形的にフィードバックしているので，環境変動は複雑になっている．このシステムに時間の要素が加われば，時間自体も非線形的にフィードバックすることになり，環境変遷はさらに複雑になる．単一のサブシステムのみにおける要素還元論的な解析方法では，地球環境の変動や変遷の全体像を解明することはもはやできない．それぞれのサブシステムにおける変動や変遷の解析結果を縦糸とし，「関係の科学」といった新しい系統だった科学体系を完成させるような横糸を編むことが必要である．

　地球環境の過去から現在への進化の過程をよく理解することは，現在と未来におけるさまざまな環境問題を解決するに当たって，われわれが何をなすべきかを決める大きな手助けとなる．われわれは差し迫った「温室型」地球

の対策を立てるために，われわれのフィールドである北太平洋においてこれまでに蓄積されてきた海底堆積物コアを有効に活用して「温室型」地球の歴史と原因を解明しなければならない（図 1.4）．

(1) 北西太平洋中緯度域における DSDP Leg 86

DSDP Leg 86 は，2000 万年前の中新世以降を通じた北西太平洋の黒潮と親潮が混合する亜寒帯前線帯の移動史を復元するとともに，古海洋環境の変遷を解析することが目的であった（Heath, Burckle et al., 1985；図 1.4）．1982 年 5-6 月に Sites 578-580 の 3 地点で APC によって 4 本の堆積物コアが回収された．最北端の Site 581 ではロシアの核実験探査のために，通常のロータリー式コアラーを使用して海底下 180 m まで海底堆積物をウオッシュアウトした後，海底下 344-352.5 m で基盤岩の玄武岩に達するまで前期鮮新世〜中期中新世の珪藻質堆積物と外洋性粘土，時代未詳のチャートが回収された．

東経 152°に沿う北緯 34-42°に位置する Sites 578-580 で回収された堆積物コアは後期中新世〜後期鮮新世（Site 578 は 700 万年前，Site 579 は 480 万年前，Site 580 は 330 万年前）から現在までの灰色〜灰緑色の生物源珪質粘土と軟泥から構成されている．珪藻，放散虫，渦鞭毛藻などの珪質微化石が大量に含まれており，それらの保存状態は南から北へ堆積速度が増加するにつれて良好となる．生物源珪質粘土が堆積し始める時期は緯度によって明らかに異なっている．北の Site 581 では海底下 224 m の後期中新世（650 万年前）で灰緑色の生物源珪質粘土が回収されたが，10°南の Site 578 ではこの層準はずっと浅い層準であり海底下 72 m の後期鮮新世（275 万年前）である（Koizumi, 1994; Koizumi and Yamamoto, 2013）．珪質粘土には多数の火山灰層が含まれており，Site 580 で 92 層，Site 579 で 61 層，Site 578 では 71 層である．それらは 3.5 kHz の反射式地震探査プロファイルにおいて，それぞれ独立した平行な反射層としての存在が確認されている．

Leg 86 は北西太平洋におけるアジア大陸から輸送された風成堆積物の性質と堆積史を解析することも目標の 1 つであった．風成塵の粒径と堆積速度の増加は中期鮮新世の 350-300 万年前に始まり，この時以降に西風，貿易風

とも強さが50%増大している（Rea and Janecek, 1982）. 風成塵の鉱物分析の結果, 風成塵粒子はイライトと石英が卓越し, 乾燥したアジア大陸から流入したものと推測された.

(2) 日本海における ODP Legs 127-128

1973年に DSDP Leg 31 が日本海の掘削を行った当時は, 日本海の成因をめぐって海底拡大説と陥没・海洋化説が対立していた. そのために, 掘削目的は南北両海盆の基盤岩を回収して時代を決めること, 両海盆の発達史を日本海沿岸陸域の地史と関連づけて解明することであった. 日本海中央部の4地点で掘削が行われたが, メタンガスの増加と掘削孔への砂礫の崩壊によって後期中新世600万年前以降の堆積物が断片的にしか回収されなかった.

16年後の1989年に実施された ODP Legs 127-128 航海では, 基盤岩の種類と年代を決めること, 堆積物に外力が加わって変形した度合い（応力）を測定すること, 日本海の地史を地域ごとに解明することを目的として, 日本海盆の周辺部において Sites 794-799 が掘削された（図1.4）.

珪藻殻のオパールA（非晶質のオパール質シリカ）が続成作用を受けてオパールCT（結晶度の悪いクリストバライト構造とトリディマイト構造からなるポーセラナイト, 陶器岩）へ相転移したことが 800-500 万年前の上部中新統で起こっていた. そのためにこの境界より下位のオパールCT帯の堆積物中に珪藻殻は含まれていないことが判明した. オパールA/オパールCT境界の珪藻化石年代は時間面を斜交していた（Koizumi, 1992）. しかし, オパールCT帯の堆積物中に含まれる炭酸塩団塊には *Denticulopsis praedimorpha* 帯（1290-1150万年前）や *Denticulopsis dimorpha* 帯（990-920万年前）を指示する珪藻化石群集が保存されていた.

後期中新世～鮮新世（620-260万年前）の珪藻質堆積物が大和海盆や日本海盆の下に広く分布するとともに, 隠岐海嶺や大和海嶺などの地形的高所を形成している（小泉, 1977）. さらに, これらの堆積物は日本海沿岸地域における同時代の珪藻質堆積物に連続している（Koizumi *et al.*, 2009）. Sites 794-797 の珪藻質堆積物に含まれる珪藻化石群集は寒流系種群が圧倒的に優占しており, 暖流系種の初出現は鮮新世温暖期の350-300万年前になってからで

ある．黄海に起源をもつ汽水生種 *Paralia sulcata*（Ehrenberg）Cleve の相対存在量が増加する時期は南方域では350万年前であるが，北方域では200万年前である．（古対馬）暖流が（古）対馬海峡を通って日本海へ流入し始めるのはそれ以降のことである．

第四紀の珪藻化石群集は地球軌道要素の10万年周期で規制された氷河性海水準変動の影響を強く受けて変動していると同時に，10万年よりも短い複数の周期性をもって変動している（Koizumi and Ikeda, 1997; Koizumi and Yamamoto, 2011）．また，数万年オーダの変動パターンは鋸歯状を呈しており，有孔虫殻のδ^{18}O の変動曲線と酷似している．

(3) 北太平洋高緯度域の東西横断における ODP Leg 145

ODP Leg 145 は DSDP Leg 19 以来，実に21年ぶりの北半球高緯度域における掘削航海であった（図1.4）．APC によって中期中新世（1300万年前）以降の古海洋変動と氷河時代への遷移期における高時間分解能の解析が行われた（Rea *et al.*, 1995）．Sites 883-884 と Site 887 において，珪藻が中期中新世（1300-1200万年前）から徐々に増加し始め，後期中新世（700-690万年前）には急増して堆積物のほぼ100%を占めるようになった．このことは中期中新世に北太平洋深層水の生成が始まると同時に，北大西洋におけるオパール・フラックスが激減して北太平洋で増加する大西洋-太平洋間の「シリカ交代」（Keller and Barron, 1983）が起こったことの現れである．その後，後期鮮新世（275万年前）以降に珪質フラックスは減少した．

北西太平洋の Site 883 で600万年前に出現した氷漂岩屑（Ice Rafted Debris；IRD）はカムチャツカ半島の山岳氷河起源である．それより南の Site 881 では IRD の出現がおそくなり，430万年前になってからであった．北東太平洋の Site 887 での IRD の出現は400万年前で，アラスカの大陸氷床が起源であると考えられた．Sites 883 と 887 における堆積物コアの帯磁率とドロップ・ストーンは260万年前に急増する．北半球に大陸氷床が急速に形成されて，氷塊の大規模な流出が起こった証拠である．また，この時期に千島-カムチャツカ弧で火山活動が活発化している．

DSDP Leg 19 で命名された「明治海山」の北東部から天皇海山列の東縁

に沿って南北約1000 km，東西約400 km に層厚1800 m のドリフト堆積物が確認された（コラム1）．ベーリング海からカムチャツカ海峡を通過して北西太平洋へ流れる強い底層流が堆積物を運搬して形成したのである（コンターライトと呼ばれる）（Scholl et al., 1977; Mammerickx, 1985; Rea et al., 1995）．明治海山におけるドリフト堆積物の堆積開始は始新世と漸新世の境界（3800万年前）付近と考えられている．この時期は全球寒冷化とそれにともなって生物群が激変した時期である（始新世末期事件と呼ばれる）．この寒冷化によって全海洋の炭酸塩補償深度（Calcium Carbonate Compensation Depth；CCD）が低下し，海水準は50 m 低下した．前期漸新世に形成された北大西洋深層水は北大西洋において多数のドリフト堆積物を形成したことは古くから知られていた．

(4) カリフォルニア縁辺域における ODP Leg 167

ODP Leg 167 は 1978年の DSDP Leg 63 以来，実に約20年ぶりのカリフォルニア縁辺海における掘削航海であった（図1.4）．待望の APC によって北半球で氷河時代が開始された260万年前以降のカリフォルニア海流とそれにともなう沿岸湧昇流の変動を高時間分解能で解析することが掘削航海の目的であった（Lyle et al., 2000）．カリフォルニア海流が北太平洋中緯度域の東縁，北アメリカ大陸の西海岸を南下するのに対し，黒潮は西縁の日本列島東岸を北上するので，これらの海流系は北太平洋中緯度域の東西両縁辺域で対になっている．その原因は，北太平洋高気圧が発達して，熱帯-亜熱帯域にラ・ニーニャ様状態，中緯度域に負の太平洋10年振動，中-高緯度に負の北極振動がもたらされたために，黒潮とカリフォルニア海流が強化された結果である（Menking and Anderson, 2003；山本，2009；Barron and Anderson, 2010）．

多数の海盆群から構成されている南カリフォルニア縁辺域からは，還元的な海底環境を顕著に示す証拠が底生有孔虫群集，自生黄鉄鉱の存在，海成有機炭素量の増加，生物源メタンガスの高濃度，などから得られたが，明確な縞状堆積物を形成するほどではなかった．沿岸よりの地点では，隣接した陸域からの陸源性砕屑粒子が後期鮮新世と第四紀全般を通じてタービダイトと

なって堆積盆地を埋積している．

　カリフォルニア縁辺域のどの地点においても，中〜後期中新世（1200-500万年前）を通じて発達した沿岸湧昇によって，強化された珪藻の生産が珪藻軟泥として堆積し，堆積盆地の基盤地形に沿って広範囲に分布している．陸域では珪質岩相を主体とするモンテレー層が発達している．また珪藻質堆積物は北の海域ほど広く分布している．その後，前期鮮新世（500-420万年前）になると，生物源成分の含有率は低下した．後期鮮新世（460万年前）では石灰質成分の含有量が堆積物中で主成分となるが，北半球氷床が形成され始める260万年前以降には減少している．沿岸域では陸域からの陸源性シルトや砂などの砕屑粒子が後期鮮新世〜第四紀を通じてタービダイトとなって堆積盆地を埋積している．

(5) 三陸沖におけるDSDP Legs 56-57, 87とODP Leg 186

　DSDP Leg 56によって日本海溝より外洋側の亜寒帯前線に位置するSite 436において海底下397.5 mまでの堆積物が回収された．堆積物コアは上部169.5 mまでが珪藻軟泥，169.5-245.5 mが珪藻質泥，245.5-312 mは珪藻質泥岩である．海底下226.5 m（520万年前）までの堆積物に珪藻殻，火山灰層，糞粒などが大量に含まれている．海底下280 mの後期中新世（700万年前）以降の珪藻化石群集に基づく詳細な気候変動による海洋環境の復元（Koizumi and Sakamoto, 2012）を本書で紹介する．

　ODP Leg 186のSites 1150-1151においてAPCが行われ，中期中新世（1600万年前）以降の詳細な各種の微化石群集から見積もられた生層序と地磁気極性層序が直接比較された（Motoyama et al., 2004）．さらにSite 1150の海底下27 m（8万7000年前）までの珪藻軟泥における珪藻化石群集が高時間分解能で解析された（Koizumi and Sakamoto, 2003）．しかし，混合水海域におけるダイナミックな古海洋変遷に関する研究がなされていないので，今後の研究が期待される．

(6) ベーリング海におけるDSDP Leg 19とIODP Expedition 323

　グローマー・チャレンジャー号によるDSDPが開始された1968年から3

年後の 1971 年に北太平洋高緯度域の東西両地点とベーリング海で Leg 19 の掘削航海が行われた (Creager, Scholl et al., 1973). 北太平洋高緯度域とベーリング海から回収された後期中新世以降の堆積物では「珪藻が主役」である. また中期鮮新世の堆積物には氷河の形成に由来する IRD が大量に含まれている. さらにアリューシャン列島やカムチャッカ半島, 千島列島などにおいて中期鮮新世 (260 万年前) 以降に噴火した火山灰が大量に含まれている. 火山噴火によって成層圏へ噴き上げられた大量の噴煙や水蒸気, 亜硫酸ガス, 硫化水素などの微粒子 (エアロゾル) が太陽放射を散乱反射させて地表へ到達する日射量を減少させて, 寒冷化気候を引き起こしたのである. さらに 400-300 万年前の火山活動はカリフォニア湾の開口や太平洋プレートとアメリカプレート間の相対運動が激しくなったことにも関連している. ベーリング海の混濁流堆積物は主に珪藻殻から構成されているが, 少量の級化成層した砂やシルト層と再堆積した化石が含まれている (Koizumi, 1973a；小泉, 1973).

　Leg 19 の 29 年後の 2010 年に高緯度域の縁海における古海洋の高時間分解能解析によって, 鮮新世 (500 万年前) 以降の気候変動を熱帯域と対照させて全球規模の気候フォーシングの機構を探ることを目的として, IODP Expedition 323 が行われ, ジョイデス・レゾリューション号によって APC が 7 地点で回収された (Takahashi et al., 2011). バワーズ海嶺における 500-174 万年前の珪藻軟泥には 380 万年前より古い IRD が含まれていた. 200-174 万年前には珪質砕屑成分と生物源成分がほぼ等量に含まれ, ドロップ・ストーンが普遍的に含まれていた. 174 万年前以降の堆積物の起源は地点ごとに異なり, 珪質の砕屑堆積物は氷床由来であり, 陸源性堆積物は大陸斜面や大陸棚経由である. IRD は普遍的に含まれており 100 万年前以降に急増している.

　海氷分布やベーリング海へ流入する太平洋亜寒帯ジャイア水塊の変動, ベーリング海深層水塊と北太平洋中層水の形成メカニズムを解明するためには, オホーツク海のピストン・コア試料で行った (Shiga and Koizumi, 2000; Koizumi et al., 2003) のと同様な水塊プロキシの珪藻種を特定して, 珪藻化石群集を定量的に分析した後の統計処理による解析が求められる.

コラム1――ドリフト堆積物

　海洋における海水の大循環は表層の風成流と，海水温度と塩分の密度差を解消するための対流運動としての密度流（熱塩循環）である．熱塩循環による表層と深層を結ぶ全球的な海水循環が「ベルト・コンベア」である．この2つに加えて，地球の自転にともなうコリオリの力がある．コリオリの力の水平成分は高緯度で大きく低緯度では小さくなるので，北半球の海洋では南向きの流れが卓越する．その結果，海水の質量を保存するための北向きの強い流れが西部境界流である．

　深層〜底層水の循環パターンは海水特性や海流測定，混濁計プロファイルなどの観察によって知ることができる．底層流の形態的な実態は，海底写真やサイド・スキャン・ソナーによる小規模（10-100 m）な特徴（漣痕，線状浸食，マンガン団塊の敷石），ナロー・ビーム音響測深やマルチ・ビーム・システムの記録による中規模（100-1000 m）の特徴（チャンネル，堆積尾根，堆積縁辺）などによって観察される．しかし測器によって得られた観測データやカメラによる映像は間接的な情報である．実物としての海底堆積物を採取することによって，層厚，不整合，ハイアタス，溶解サイクル，粒径分布，微化石や砕屑粒子の移動，磁性鉱物の配列などの変化を観察して解析することが必要である．

　北極海には4000 m以深の海盆がいくつかある．北極海盆の1つであるノルウェー海からの密度流は，グリーンランドとイギリス諸島を結ぶ海嶺上のシル（深淵）を越えて北大西洋へ流出する際に，波長1-2 kmと振幅数十mの砂丘や泥で覆われた長さ数百 km，幅数十 kmの堆積物体を形成している．これはコンターライト・ドリフト（等深線流堆積物）と呼ばれ，堆積速度が12 cm/1000年と速い．これらの堆積物に関する研究が欧米では早い時期から長年にわたって蓄積されてきた（図）．

　北太平洋においては，北極海からの寒冷水がベーリング海峡のシル水深50 mを越えて流入するのみである．天皇海山列の北東側に沿って形成された舌状体の厚いドリフト堆積物が巨大な唯一のものである．最北端に位置する明治海山の舌状堆積物は長さ600 km，幅200 km，堆積物の厚さ1800 mである（Scholl et al., 1977）．DSDP Leg 19のSite 192が位置する明治舌状堆積物の80％は過去1600万年間に堆積したもので，鮮新統の堆

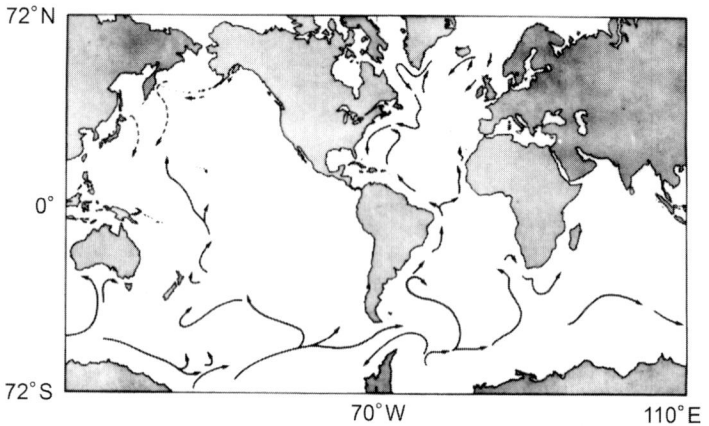

図 熱塩底層流. 破線：カムチャツカ海峡（海面幅 160 km, 水深 4000 m 以深）を通過した熱塩底層流は，天皇海山列の東側を南下する（Mammerickx, 1985）．北大西洋においては，ノルウェー海からの密度流がグリーンランドとイギリス諸島を結ぶ海嶺上のシルを通過して南下している．

積速度は 8 cm/1000 年である（Creager, Scholl et al., 1973）．堆積物は 50% の遠洋性軟泥と 50% の半遠洋性陸源シルトと粘土層からなっている．堆積物には北大西洋のドリフト堆積物と共通な特徴が多数存在することから，カムチャツカ海峡を通過した熱塩底層流が運搬してきたとされた Mammerickx（1985）の説は, ODP Site 145 の Site 884（デトロイト海山）の掘削によって確認された（Rea et al., 1995）．

第2章
鮮新世温暖期

　北西太平洋の中〜高緯度域において，北半球氷床が形成され始めたことを示唆する寒冷化気候が270万年前に顕著となることが知られていた (Koizumi, 1985; Rea and Schrader, 1985; Dersch and Stein, 1992, 1994; Rea et al., 1995; Shimada et al., 2009). この時期に先立つ鮮新世は，300万年前と420-400万年前に著しい温暖化のピークをもつ温暖期である. 20世紀から今世紀にかけての欧米では，急激な気候変化が政治的に重要な問題となった. そのために，アメリカ合衆国地質調査所は約300万年前（329-297万年前）の温暖期における地球環境の状態を復元することを目的としたPRISM (Pliocene Research, Interpretation and Synoptic Mapping；鮮新世調査，評価，概観図作成）計画を組織して（Cronin and Dowsett, 1991), 中期鮮新世の全球的な平均気温は現在より2-3℃温暖であったことを示した (Haywood and Valdes, 2004; Dowsett and Robinson, 2009). PRISM計画の当初は中期鮮新世温暖期の復元を微化石による表層海水温度 (Sea Surface Temperature；SST) のみに基づいて行っていた. さらに，PRISM2の復元では東赤道太平洋の古気候データがまったくなかった. しかし，その後のPRISM3では赤道太平洋におけるアルケノン U^{k}_{37} と有孔虫殻 Mg/Ca の SST 記録を採用した他に，新たな微化石SST記録を得て，中期鮮新世の赤道太平洋におけるSST復元を現在のエル・ニーニョ (El Niño) 状態と比較した (Dowsett and Robinson, 2009). 西赤道太平洋 (DSDP Sites 586, 769, 806) は現在に比べて-0.1-1.1℃で，東太平洋 (DSDP Sites 677, 847, 852, 1237) は4.4℃温暖であり，東西のSST勾配は減少していたとした.

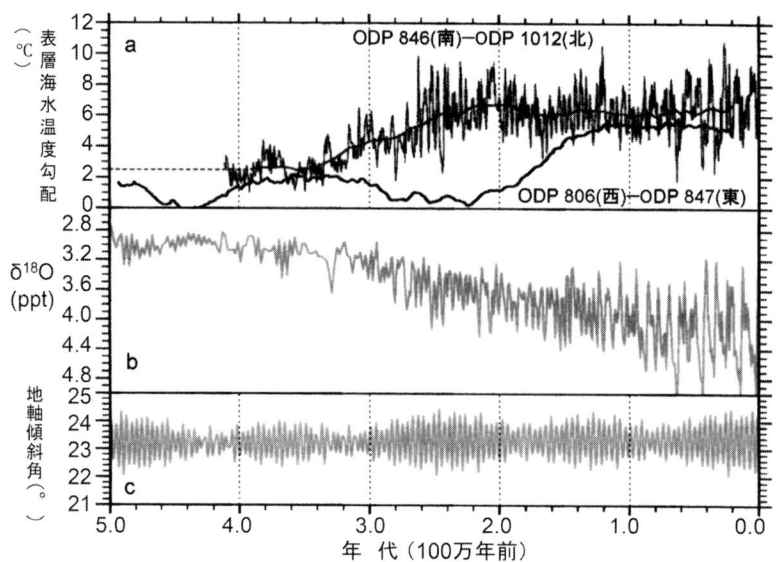

図2.1 500万年前以降の北太平洋の気候変動 (Brierley and Fedorov, 2010). a: 東太平洋沿い南北方向の表層海水温度はアルケノン U^K_{37} (Brierley et al., 2009), 赤道沿い東西の表層海水温度は浮遊性有孔虫殻 Mg/Ca (Wara et al., 2005). 2つの実線は40万年移動平均値. b: 底生有孔虫殻 $\delta^{18}O$ (Lisiecki and Raymo, 2005). c: 地軸傾斜角の変化 (Laskar et al., 2004).

東赤道太平洋におけるカリフォルニア縁辺域の北方 ODP Site 1012 と赤道のすぐ南の寒冷な舌状湧昇域の ODP Site 846 のアルケノン U^K_{37}-SST 記録によれば, 南北2地点間の SST 差は400万年前の2℃から200万年前の7-8℃へ増加した後, 現在までほぼ一定である (図2.1; Brierley and Fedorov, 2010). 一方, 赤道に沿う東西の SST 差は450万年前の0℃から350万年前に2℃となって, 220万年前に再び0℃に減少した. その後, 現在の5-6℃へ増加している (図2.1). 赤道に沿う東西の SST 変化の時期よりも南北方向の SST 変化が早かったことは, 温度躍層の浅化を誘導したことを意味している. また, 地球軌道要素の離心率と歳差は変化しないままで, 地軸傾斜角の振幅が300万年前に大きくなって熱帯と亜熱帯海洋の熱構造に影響を与えて, エル・ニーニョ状態をもたらしたとした. 振幅の小さい時にはラ・ニーニャ (La Niña) 状態になるのである (図2.1; Philander and Fedorov, 2003).

すなわち,約500-300万年前の前期鮮新世は現在より4℃も温暖であったことが浮遊性有孔虫群集,有孔虫殻の$\delta^{18}O$値やMg/Ca比,ハプト植物門の円石藻に由来するバイオマーカーのアルケノン$U^{k'}_{37}$などの古気候プロキシから提示された (Brierley and Fedorov, 2010).

これらの研究成果に基づいて,IPCC第4次評価報告書 (AR4) は21世紀末に大気中CO_2濃度は現在の2-2.5倍となり,全球の平均気温は現在より2-3℃上昇すると予測した (IPCC, 2007). この報告書の古気候 (Paleoclimate) の章を執筆するために,今世紀最初の数年間に欧米では地球科学の広い分野にわたって鮮新世温暖期 (500-300万年前) の地球気候像を復元する研究が勢力的に実施された.その結果,前期鮮新世の460-310万年前は現在より平均気温が3-6℃も高かったとされ,著しく温暖な気候が長期にわたって続いていたことが判明した (Brierley *et al.*, 2009). さらに,鮮新世は大陸配置,海流系,北半球氷床の規模,大気中CO_2濃度などの内部強制力に加え,気候システムを本質的に支配する地球への太陽放射 (日射) 量の外部強制力が現在に類似する気候変動メカニズムをもつ最近の地質時代である.これらの理由によって,鮮新世の地球気候は将来予想される地球気候に最も近いものとして注目された.

鮮新世 (Pliocene Epoch) は「より一層 (more = *plio*) 現在 (recent = *cene*)」という意味から第三紀の最上部に位置づけられた530万年前から260万年前までの地質時代である (Head *et al.*, 2008). 地質時代区分では,前期530-360万年前と後期360-260万年前に2分されるが,気候変動区分では温暖期の前期,300万年前に温暖化のピークがある中期,更新世寒冷気候へ移行する気候変動の激しい後期に3分される.

鮮新世温暖期における熱帯太平洋の気候状態は現在と著しく異なっていた.熱帯太平洋における気候状態の変化は,季節間の温度と湿度やエル・ニーニョ,南方振動 (Southern Oscillation) の振動幅に影響をおよぼすだけでなく,全球の温暖化気候に重大な影響をおよぼしたことが判明している (Wara *et al.*, 2005). 熱帯域で起こる大気と海洋の変動は密接に関連しているために,まとめてエル・ニーニョ南方振動 (ENSO) と呼ばれる.前期鮮新世温暖期の太平洋におけるSSTは赤道に沿って帯状に均一に広がっていたために,

現在の東赤道太平洋において湧昇流によって発達する舌状の寒冷域は非常に限定された狭い範囲であったか，あるいは存在していなかった（Philander and Fedorov, 2003）．赤道に沿うこのような帯状の温暖な状態は「永久的エル・ニーニョ様状態」と呼ばれている（Wara et al., 2005）．また鮮新世における赤道と亜熱帯〜中緯度との間の SST の南北勾配は，400万年前には約2℃と極めて小さかった．そのために亜熱帯や中緯度域は現在より平均3-6℃温暖であった（Brierley et al., 2009）．したがって，永久的エル・ニーニョ様状態と認識するよりは，むしろ巨大な暖水プールが熱帯全体を包含するように拡大していたとの見解が主流になっている（Brierley and Fedorov, 2010）．

鮮新世の赤道に発達した巨大な暖水プールにおいて，年間の気候変化はほとんどなかった（Haywood et al., 2007）．現在のエル・ニーニョ現象は4-5年の準周期の気候振動であり，地球規模で天気や天候に影響をおよぼす．しかし，フィリピン産の鮮新世化石サンゴ骨格の $\delta^{18}O$ に基づく季節間のSSTと降水の解析結果は，現在の ENSO 事件や永久的エル・ニーニョ様状態に類似した特徴は鮮新世温暖期には存在していなかったことを示している（Watanabe et al., 2011）．

日本列島は気候変動史を研究するには最適な北西太平洋中緯度域に位置している．それにもかかわらず，わが国はこの海域の気候変動に関する最前線の国際的研究に貢献することがなかった．海底までの水深が深いために，石灰質微化石の産出がほとんどない北西太平洋中-高緯度域において，珪藻化石の相対存在量（％）は高く多様性に富んでいるので，古海洋研究が精力的に推進されてきた．しかし，珪藻化石に基づく古海洋研究の成果はなぜかほとんど評価されていない．

2.1　北西太平洋中緯度域における珪藻化石群集

鮮新世温暖期に赤道太平洋を中心に極方向へ拡大した暖水プールの北方縁に位置する北西太平洋中緯度域において，珪藻温度指数（Td' 値，T_{wt} 比）に基づく SST の変動，混合水域における珪藻生産と堆積物コアを構成する粒子（群）の沈降機構などに関する研究が行われてきた（Koizumi, 1985,

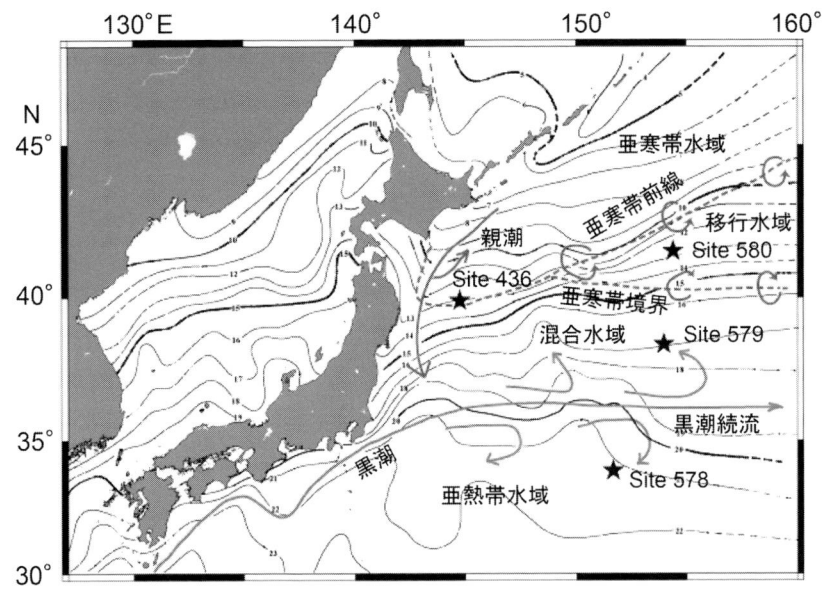

図2.2 北西太平洋中緯度，日本列島太平洋岸沖における4本のDSDP堆積物コア（星印）と年間平均海水温度（℃）（海洋資料センター，1978）および海流系（Masujima et al., 2003）との関係．西部境界流としての親潮は寒冷で低塩分の水塊であり，混合水域と黒潮続流域に流入して，北太平洋中層水を形成する．本州太平洋岸沖合の北緯38°-40°の範囲内は黒潮と親潮との混合水域である．Site 578は亜熱帯水域に位置し，Site 579は混合水域に，Site 436は亜寒帯前線に，Site 580は移行水域に位置している．

1986; Koizumi and Sakamoto, 2012; Koizumi and Yamamoto, 2013）．

　三陸沖の現在の海洋環境においてDSDP Site 578は亜熱帯水域，Site 579は混合水域，Site 580は移行水域，Site 436は亜寒帯前線にそれぞれ位置している（図2.2）．西部境界流としての親潮の水は寒冷で低塩分の水塊である．現在，この水塊は2つのルートを経て混合水域と黒潮続流域に流入し，一部は北太平洋中層水の起源水となっている（Masujima et al., 2003）．1つ目のルートは，三陸沿岸近くの亜寒帯前線を横断して三陸沖で黒潮続流と混合して等密度になった後，黒潮続流に沿って東方へ流れる水塊である．2つ目のルートは，本州東方沖合の亜寒帯前線と混合した親潮水が，移行水域において勢いを増加させながら東方へ流れる水塊である．

　各地点における堆積物コアの年代は，古地磁気極性変化（Bleil, 1985）と珪

表2.1　4本のDSDP堆積物コアの海底下の深度(m)と年代値(100万年前)との関係
L：地質年代値を指示する珪藻種の絶滅示準面．LC：地質年代値を指示する珪藻種の大量あるいは連続産出の消滅示準面．F：地質年代値を指示する珪藻種の出現示準面．T：地磁気極性変化の上限．B：地磁気極性変化の下限．

年代値決定の手段		年代値(100万年前)	海底下の深度(m)			
			Site 578	Site 579	Site 580	Site 436
L	*Proboscia curvirostris*	0.30				37.10
B	C1n(B Brunhes)	0.78	27.66	30.65	40.00	
T	C1r.1n(T Jaramillo)	0.99	31.86	38.65	48.69	
B	C1r.1n(B Jaramillo)	1.07	34.46	39.85	53.03	
LC	*Actinocyclus oculatus*	1.24				62.60
T	C2n(T Olduvai)	1.78	54.17	61.93	82.33	
B	C2n(B Olduval)	1.95	58.16	65.63	89.13	
L	*Neodenticula koizumii*	2.00				96.70
T	C2An(T Gauss)	2.58	72.66	87.95	121.44	
LC	*Neodenticula kamtschatica*	2.65				135.00
T	C2An.1r(T Kaena)	3.03	80.67	98.52	139.63	
B	C2An.1r(B Kaena)	3.12	82.45	103.21	143.01	
T	C2An.2r(T Mammoth)	3.21	83.66	104.71	147.33	
B	C2An.2r(B Mammoth)	3.33	85.06	107.92	151.06	
B	C2An(B Gauss)	3.60	87.66	115.01		
F	*Neodenticula koizumii*	3.74				189.20
T	C3n.1n(T Cochiti)	4.19	93.41			
B	C3n.1n(B Cochiti)	4.30	94.71			
T	C3n.2n(T Nunivak)	4.49	96.56	136.38		
B	C3n.2n(B Nunivak)	4.63	97.66	141.95		
T	C3n.3n(T Sidufjall)	4.80	99.21			
B	C3n.3n(B Sidufjall)	4.90	101.58			
T	C3n.4n(T Thvera)	5.00	102.56			
B	C3n.4n(B Thvera)	5.24	104.56			
F	*Thalassiosira oestrupii*	5.49				236.80
B	C3r(B Gilbert)	6.03	109.23			

藻基準面（Koizumi and Tanimura, 1985；本山・丸山, 1998；Koizumi and Sakamoto, 2012；Koizumi and Yamamoto, 2013）の年代値を地磁気極性年代尺度ATNTS2004（Gradstein et al., 2004）を用いて規格化して見積もられている（表2.1）．各地点における鮮新世以降の堆積速度は北方の地点ほど速く，Sites 580と436の堆積速度5 cm/1000年は，Site 578の堆積速度2.5 cm/1000年の2倍である（図2.3）．珪藻質堆積物が堆積し始める時期も北方の地点ほど早く，Site 436では海底下312 mの1000万年前以降に珪藻質

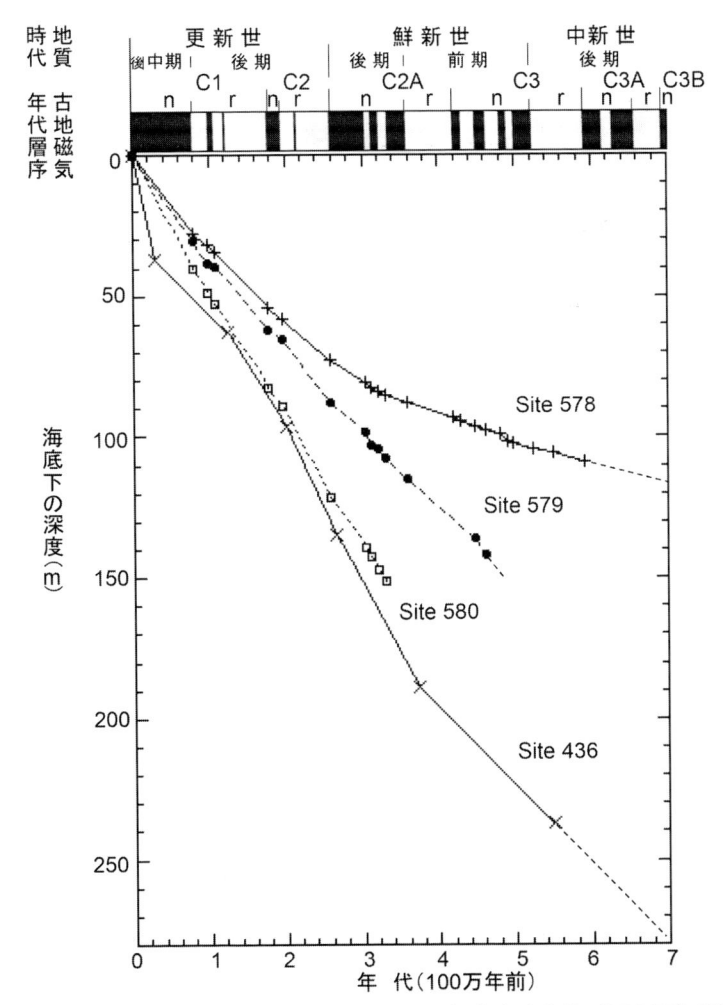

図2.3 4本のDSDP堆積物コアの海底下の深度（m）と年代（100万年前）との関係図．年代値は古地磁気極性変化（Bleil, 1985）と珪藻基準面（表2.1；本山・丸山，1998；Koizumi and Sakamoto, 2012）に基づいている．堆積速度は北方のSite 580や陸地寄りのSite 436で速く，南方で沖合のSite 578の2倍である．古地磁気年代尺度の黒nは地磁気極性が正磁極に帯磁していることを，白rは逆磁極の帯磁を示す．

堆積物が卓越するが，Site 436 より 22°南に位置する Site 578 では海底下 117 m の 560 万年前以降である．黒潮が犬吠埼沖から東方へ転向して黒潮続流となる常磐沖の海底堆積物では，本州の太平洋岸沿いを北上してきた黒潮が引き込んだ絶滅種や淡水生種，沿岸生種などの外来珪藻種の混入が数多く見られる（Koizumi and Yamamoto, 2010）．Site 436 は他の 3 本の堆積物コアよりも沿岸寄りに位置しているために，外来性の珪藻種群が大量に沈積して，堆積速度がより速くなっている．堆積速度は Site 436 で 370 万年前以降に，Site 578 では 300-260 万年前以降に速くなっている（図 2.3）．北半球に氷床の形成をもたらした寒冷化気候が海洋循環を活発にして，珪藻の生産を強化した結果である（Barron, 1998）．

　大陸氷床量の増加には，山脈の隆起や海路の閉鎖などのようなゆっくりした地殻の構造運動が関与している（Mudelsee and Raymo, 2005）．ヒマラヤ山脈の主要な隆起は後期中新世の 1100 万年前に始まり，900-800 万年前に最も活発となった．ヒマラヤ-チベット地域の隆起によって，山の風下側で降水量が減少し乾燥化して，アジア乾燥域に由来する風成塵が東方の中国北部や北太平洋へ運搬された（Zheng et al., 2004）．800-700 万年前にチベット台地の北側が隆起して乾燥化がさらに進行し，インドと東アジアのモンスーンが活発化した．その結果，晩夏の温暖な降水が増加してヒマラヤ-チベット台地の風化作用が一段と促進された．後期中新世～前期鮮新世を通じての化学風化作用は，長期間の炭素サイクル（$CaSiO_3 + CO_2 \to CaCO_3 + SiO_2$）に影響を与えた．すなわち，風化作用によって浸食が進行した炭酸塩岩から風成塵として海洋に輸送される炭酸塩が増加し，海洋における炭酸塩の沈積が珪酸塩の風化作用を経て，大気中 CO_2 濃度を減少させた．また，主要な栄養塩（PO_4^{3-}, NO_3^-, H_4SiO_4）のうちリン酸塩の供給量が増加した結果，海洋の生物生産が増加し有機炭素を海底に埋積させたので，大気 CO_2 濃度が付加的に減少した（Filippelli, 1997; Rea et al., 1998）．

　中米（パナマ）海路が閉鎖するにつれて，大西洋から太平洋への海洋水の運搬が減少して太平洋中-高緯度域に顕著な塩分躍層が発達し，栄養塩の豊富な北太平洋中-深層水が湧昇して生物生産量の増加をもたらした．その結果，後期中新世の 900 万年前以降に北西太平洋の東北日本沖で珪藻質堆積物

の堆積量が増加した（Barron, 1998）．晩期中新世を通じて，北半球の高緯度域において徐々に寒冷化が進行するにつれて，珪藻質堆積物の堆積量が南カリフォルニア沖で減少したが，北太平洋高緯度域や東北日本沖では反対に増加した．北西太平洋の前期鮮新世450万年前でも珪藻の生産量が増加して堆積速度は速くなっている．東赤道太平洋のDSDP Sites 848, 849, 853における浮遊性有孔虫殻のMg/Ca比から見積もられたSSTは，前期鮮新世の480-400万年前に亜熱帯水域における表層水が急速に冷却され，現在に至っていることを示している（Ford *et al.*, 2010）．この寒冷化は中米海路が徐々に閉鎖したことによる影響もあるが，古気候モデルによると東亜熱帯における表層直下の水塊が供給される北西太平洋の亜熱帯表層水が，強風時に低温な中層水と攪拌されることに起因していると示唆されている（Ravelo *et al.*, 2004; Brierlery and Fedorov, 2010）．

2.2 珪藻温度指数（Td' 値）によるSST（℃）の復元

表層堆積物に珪藻殻を100個以上含んでいる海底堆積物が北日本太平洋岸沖から47地点，日本海から76地点の合計123点で採取された．それらの試料に含まれる珪藻化石群集が分析されて温暖種と寒冷種の個体数比に基づいた珪藻温度指数（Td' 値）から過去のSST（℃）が復元されている（Koizumi, 2008）．試料が採取された地点の Td' 値と年間表層海水温度（℃）との回帰関係に基づいて，北日本太平洋岸沖ではSST（℃）=6.5711×$Td'^{0.273}$ で表示され，相関係数はR=0.89946である．一方，日本海ではSST（℃）=5.4069×$Td'^{0.26841}$ で，相関係数はR=0.89088である．

北西太平洋中緯度域に位置するDSDP Sites 578と579では，前期鮮新世の420-400万年前と後期鮮新世の300万年前は顕著な温暖期である（Koizumi, 1985, 1986）．PRISM計画の一環としてSite 580における300万年前のSSTの変動を復元するに当たってBarron（1992）は，珪藻の現生種群で定義された珪藻温度指数（Td' 値）は地質年代が古くなるにつれて現生種に代わって絶滅種が増加してくるために指数の適応に限界があると考えた．そこで，彼はSSTの指標種群の子孫種と先祖種の系統進化による関係によ

る先祖種の導入と，現生種の地理的分布から漸移的温暖種（X_t）を規定して，T_{wt} 比 =（X_w+0.5X_t）/（X_c+X_t+X_w）を提唱した．X_w（温暖種）の構成種は，亜熱帯〜熱帯種の *Azpeitia nodulifera, A. tabularis, Actinocylus ellipticus, Fragilariopsis reinholdii-Alveus marinus, F. fossilis, Nitzschia jouseae, Thalassiosira convexa* であり，X_c（寒冷種）は亜寒帯種の *Actinocyclus curvatulus, Neodenticula koizumii, N. kamtschatica, Chaetoceros* spores, *Rhizosolenia barboi, Thalassiosira latimarginata, Coscinodiscus marginatus* である．漸移的温暖種 X_t は *Coscinodiscus radiatus, Thalassionema nitzschioides* s.l., *Thalassiosira oestrupii* などである．その後，Koizumi and Yamamoto（2013）は T_{wt} 比を構成する珪藻種群を，Td' 値の構成種（Koizumi, 2008）と現生子孫種の地理的分布が温暖域と寒冷域とに限定される絶滅種（温暖化石種：*Fragilariopsis fossilis, Nitzschia jouseae, N. miocenica, F. reinholdii, Rhizosolenia praebergonii, Thalassiosira convexa, T. miocenica, T. praeconvexa* と漸移的温暖種：*Coscinodiscus radiatus, Thalassionema nitzschioides* s.l., *Thalassiosira oestrupii*，および寒冷化石種：*Actinocyclus oculatus, Neodenticula kamtschatica, N. koizumii, Proboscia barboi, P. curvirostris, Thalassiosira nidulus*）とした（表 2.2；p. i 口絵）．

珪藻温度指数 T_{wt} 比は具体的な SST（℃）を表示できないが，Td' 値からは過去の年間 SST（℃）を求めることが可能である（Koizumi, 2008）．鮮新世では Td' 値を構成する指標現生種が少ないため，SST の復元が不正確になることが危惧された．しかし，4 本の DSDP コア堆積物における T_{wt} 比と Td' -SST（℃）には著しい相違は認められなかった（Koizumi and Yamamoto, 2013；図 2.4，2.5）．

Site 578 の 257 万年前では，T_{wt} 比の温暖化石種 *Fragilariopsis fossilis*（相対存在量，13.5％）が Td' -SST から除外されているために，T_{wt} 比に比べて低い 18.7℃ の復元となっている（図 2.4）．171 万年前における温暖化石種 *Fragilariopsis reinholdii* の大きな相対存在量（59.6％）が T_{wt} 比を高くし，167 万年前では *F. fossilis* と *F. reinholdii* の減少により低温を示すが，Td' -SST ではほとんど年間 SST の変動は認められない．Site 579 において 326 万年前の Td' -SST は 15.6℃ の低温となっているが，T_{wt} 比は *F. reinholdii*

表2.2 Td'とT_{wt}の構成種

Td'	
温暖種	寒冷種
Actinocyclus ellipticus	Actinocyclus curvatulus
A. elongatus	A. ochotensis
Alveus marinus	Asteromphalus hyalinus
Asterolampra marylandica	A. robustus
Asteromphalus arachne	Bacterosira fragilis
A. flabellatus	Chaetoceros furcellatus
A. imbricatus	Coscinodiscus marginatus
A. pettersonii	C. oculus-iridis
A. sarcophagus	Fragilariopsis cylindrus
Azpeitia africanus	F. oceanica
A. nodulifera	Neodenticula seminae
A. tabularis	Porosira glacilis
Fragilariopsis doliolus	Rhizosolenia hebetata
Hemidiscus cuneiformis	Thalassiosira gravida
Nitzschia interruptestriata	T. hyalina
N. kolaczekii	T. kryophila
Planktoniella sol	T. nordenskioldii
Pseudosolenia calcar-avis	T. trifulta
Rhizosolenia acuminata	
R. bergonii	
R. hebetata f. semispina	
R. imbricata	
Roperia tessellata	
Thalassiosira leptopus	
T. oestrupii	

T_{wt}		
温暖種(X_w)	漸移的温暖種(X_t)	寒冷種(X_c)
(Thalassiosira oestrupii 以外の) Td'の温暖種	Coscinodiscus radiatus	Td'の寒冷種
	Thalassionema nitzschioides	Actinocyclus oculatus
Fragilariopsis fossilis	Thalassiosira oestrupii	Neodenticula kamtschatica
F. reinholdii		N. koizumii
Nitzschia jouseae		Proboscia barboi
N. miocenica		P. curvirostris
Rhizosolenia praebergonii		Thalassiosira nidulus
Thalassiosira convexa		
T. miocenica		
T. praecovexa		

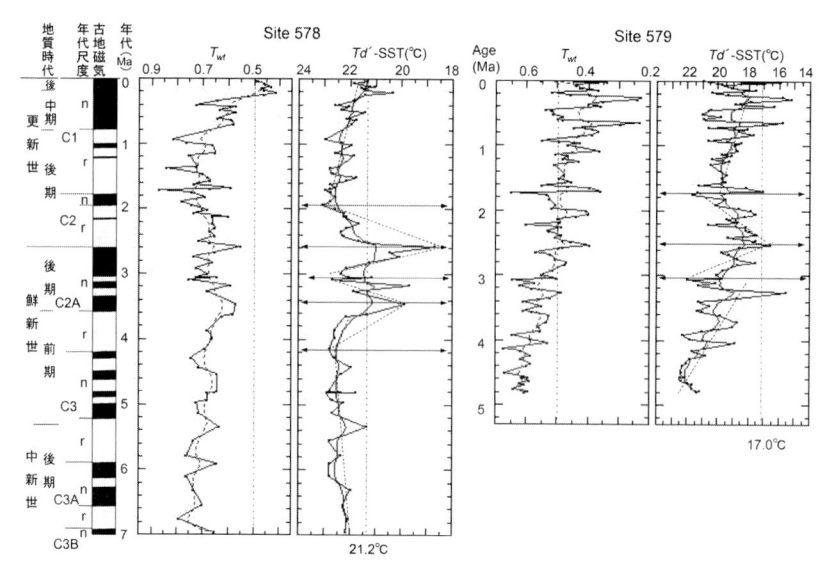

図2.4 Sites 578と579におけるT_{wt}とTd'-SST（℃）の比較．黒矢印は海水温度の変化が大きく急激なあるいは傾向の変換点を示す．点線は海水温度の変化の傾向を示す．垂直な破線は現在のこれらの地点における年間表層海水温度を示す．

の相対存在量（16.0%）が多いため著しく低いSSTは表示されていない．

Site 580の250万年前でT_{wt}比が著しく低下する原因は，寒冷化石種 *Neodenticula koizumii* の相対存在量（26.3%）が大きいためである（図2.5）. 240-230万年前においてT_{wt}比のX_t構成種 *Thalassionema nitzschioides* s.l. とX_wの *Alveus marinus, Azpeitia nodulifera, Fragilariopsis fossilis, F. reinholdii* などが多く存在することによりT_{wt}比は高くなるが，*Tn. nitzschioides* s.l. と温暖化石種の相対存在量を除外したTd'-SSTは低く復元されている．55万年前では *Thalassiosira oestrupii* が多く存在すること（53.0%）によって，Td'-SSTは18.8℃の高いSSTを示している．21万年前にX_wの減少（3.6%），および寒冷種 *Neodenticula seminae*（42.7%）と *Thalassiosira gravida*（11.6%）が相対的に増加することにより，Td'-SSTは10.7℃の低温となっている．Site 436の515万年前でT_{wt}比が著しく低い原因は，*Cosciodiscus marginatus* が相対的に増加する（59.7%）た

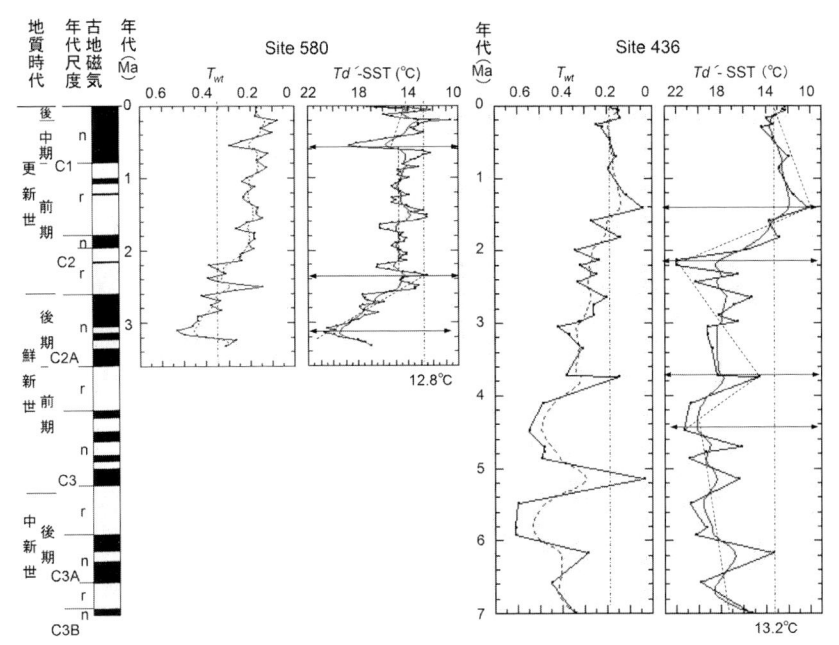

図 2.5 Sites 580 と 436 における T_{wt} と Td'-SST（℃）の比較．黒矢印は表層海水温度の変化が大きく急激なあるいは変化の傾向の変換点を示す．点線は表層海水温度の変化の傾向を示す．垂直な破線は現在のこれらの地点における年間表層海水温度を示す．

めである．486-471 万年前における T_{wt} 比と Td'-SST の差は，寒冷化石種 *Neodenticula kamtschatica*（29.1-17.2%）が含まれているか否かによる．221-214 万年前の Td'-SST は寒冷化石種 *N. koizumii*（36.1-61.5%）を含まないために T_{wt} 比より高い SST となっている．

　北西太平洋の中緯度域における 4 本の DSDP 堆積物コアの珪藻温度指数（Td' 値）に基づく年間 SST（℃）の変動は，後期中新世 700 万年前以降を通じて，各地点間で平均 23 万年の共通した周期変動が認められる（表 2.3; 図 2.6）．後期中新世の 170 万年間を通じて，現在より平均 SST が 1℃高い温暖期の中で 3 回の温暖化と寒冷化がくり返されている（表 2.3 と図 2.6 の①～③）．鮮新世温暖期における年間 SST は，亜熱帯水域に位置する Site 578 の 480 万年前に現在より 1.7℃高い 22.9℃（表 2.3 と図 2.6 の④），420

表2.3 Sites 578-580とSite 436における年間表層海水温度（Td'-SSTs）の変動

Site 580は3点移動平均値である。ボールド体は顕著な温暖期と寒冷期を示す．

DSDP Sites	Site 578 21.2		Site 579 17.0		Site 580 12.8		Site 436 13.2	
現在の年間表層海水温度(℃)								
海底下(m)-年代(Ma)、Td'-SST(℃)	海底下-年代、	Td'-SST	海底下-年代、	Td'-SST	海底下-年代、	Td'-SST	海底下-年代、	Td'-SST
コアトップ	1.09–0.03,	76–21.5	0.17–0.00,	70–21.0	0.25–0.01,	35–17.3	0.2–0.02,	10–12.3
⑮ 低温期	4.09–0.12,	72–21.1	5.48–0.14,	37–17.6	**3.02–0.06,**	**10–12.3**	**10.0–0.08,**	**10–12.3**
⑭ 高温期	**4.80–0.14,**	**78–21.6**	6.98–0.18,	63–20.4	7.59–0.15,	22–15.3	22.7–0.18,	16–14.0
⑬ 低温期	7.46–0.21,	63–20.4	11.14–0.28,	22–15.3	10.59–0.21,	6–10.7	31.7–0.26,	14–13.5
⑬ 高温期	**14.30–0.40,**	**93–22.6**	20.15–0.51,	72–21.1	**28.02–0.55,**	**47–18.8**	**37.1–0.30,**	**18–14.5**
⑫ 低温期	18.27–0.52,	77–21.5	25.14–0.64,	25–15.8	33.71–0.66,	10–12.3	48.2–0.71,	9–12.0
⑫ 高温期	21.77–0.61,	86–22.2	28.14–0.72,	67–20.7	41.56–0.82,	18–14.5		
⑪ 低温期	22.77–0.64,	81–21.8	32.64–0.84,	38–17.7	43.06–0.85,	13–13.2		
⑪ 高温期	**30.76–0.94,**	**99–23.0**	**34.16–0.92,**	**66–20.7**	**47.56–0.96,**	**20–14.9**	52.5–0.87,	12–12.9
⑪ 低温期	37.48–1.18,	82–21.9	37.16–0.96,	44–18.5	60.30–1.24,	16–14.0		
⑩ 高温期	42.80–1.37,	96–22.8	47.13–1.30,	65–20.5	64.47–1.34,	22–15.3		
⑩ 低温期	46.91–1.62,	81–21.8	59.76–1.70,	33–17.1	73.04–1.55,	11–12.6	70.4–1.41,	5–10.2
⑨ 高温期	**52.30–1.71,**	**98–23.0**	61.76–1.76,	80–21.7	79.30–1.70,	28–16.3	78.5–1.59,	15–13.8
⑨ 低温期	64.49–2.23,	80–21.7	69.11–2.05,	37–17.6	84.91–1.84,	17–14.2	**88.0–1.81,**	**12–12.9**
⑧ 高温期	**67.48–2.35,**	**89–22.4**	75.14–2.22,	67–20.7	**103.84–2.24,**	**30–16.6**	**104.7–2.14,**	**83–22.0**
⑧ 低温期	72.48–2.57,	46–18.7	86.33–2.53,	30–16.6	109.46–2.35,	11–12.6	**135.0–2.65,**	**22–15.3**
⑦ 高温期	73.98–2.65,	65–20.5	89.33–2.64,	57–19.8	123.10–2.62,	38–17.7	147.5–2.90,	42–18.2
⑦ 低温期	75.48–2.74,	60–20.1	93.31–2.81,	37–17.6	127.02–2.72,	26–16.0	151.4–2.98,	30–16.6
⑥ 高温期	**81.98–3.10,**	**94–22.7**	100.63–3.07,	84–22.0	**144.64–3.14,**	**68–20.8**	**155.6–3.06,**	**51–19.2**
⑥ 低温期	83.48–3.20,	56–19.7	106.63–3.26,	24–15.6				
⑤ 高温期	84.98–3.32,	82–21.9	110.36–3.41,	74–21.3			189.2–3.74,	19–14.7
⑤ 低温期	**86.48–3.48,**	**58–19.9**	118.54–3.73,	47–18.8			**209.2–4.48,**	**74–21.3**
④ 高温期	**93.18–4.16,**	**96–22.8**	123.17–3.92,	88–22.3			215.5–4.71,	27–16.2
④ 低温期	96.10–4.44,	83–22.0	126.17–4.05,	48–18.9			219.7–4.86,	69–20.9
③ 高温期	99.84–4.82,	97–22.9	140.53–4.59,	91–22.5			**227.5–5.15,**	**29–16.5**
③ 低温期	**105.31–5.34,**	**76–21.4**					236.8–5.49,	68–208
② 高温期	106.81–5.55,	95–22.8					245.9–5.82,	52–19.3
② 低温期	108.41–5.78,	90–22.4					248.9–5.93,	62–20.3
① 高温期	109.30–5.91,	95–22.8					**255.3–6.17,**	**14–13.5**
① 低温期	**112.14–6.52,**	**83–22.0**					**266.2–6.57,**	**58–19.9**
	113.66–6.78,	**88–22.3**						

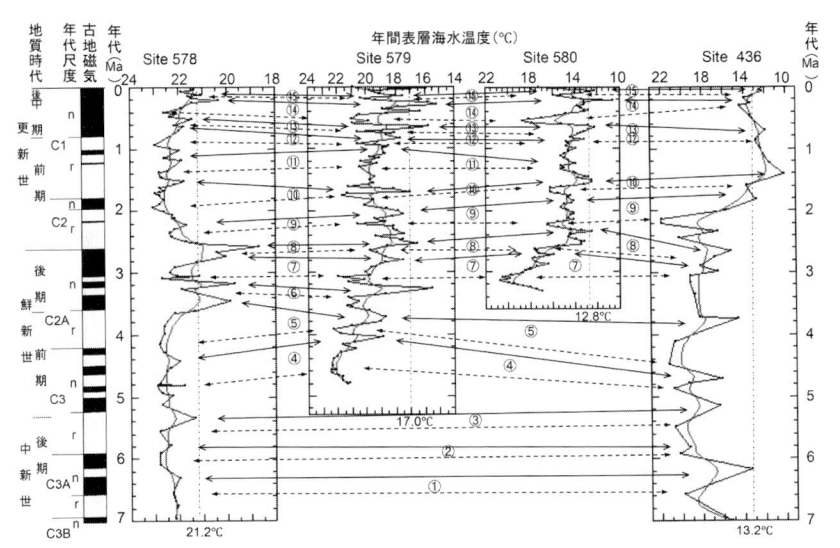

図2.6 珪藻温度指数（Td′）による年間表層海水温度（℃）の変動は Site 間において相互に対応している．Site 580 の Td′-SST（℃）は 3 点移動平均値である．破線の矢印は温暖期を示している．実線の矢印は寒冷期を示している．Sites 578 と 579 の鮮新世後期において海水温度の変動幅が大きくなっているのは，鮮新世温暖期から更新世氷河期への移行の現れである．表層海水温度の顕著な変化に対応する数字（①〜⑮）は表2.3と本文を参照のこと．垂直な破線は現在の年間表層海水温度を示す．

万年前に 22.8℃（⑤），309 万年前に 22.7℃（⑦）となっており，最大 1.7℃の海水温度の上昇である．

　混合水域に位置する Site 579 の年間 SST は，460 万年前に現在より 5.5℃高い 22.5℃（④），392 万年前に 22.3℃（⑤），307 万年前に 22.0℃（⑦）となっており，現在より 5.5-5.0℃高い海水温度の上昇が起こっている．一方，326 万年前に現在より 1.4℃低くなっている（⑥）．これは *Coscinodiscus marginatus* の急増（相対存在量，14％）による．前期更新世 253-176 万年前に著しく昇温した（図2.6の⑨と⑩）後，現在まで低温化傾向が継続している．

　ウェーブレット変換解析では，330-300 万年前，180-140 万年前，80-60 万年前，40 万年前，10 万年前などに離心率変化の周期に相当する 12 万 3000 年-9 万 5000 年周期から地軸傾斜角変化の周期に相当する 5 万 4000 年-4

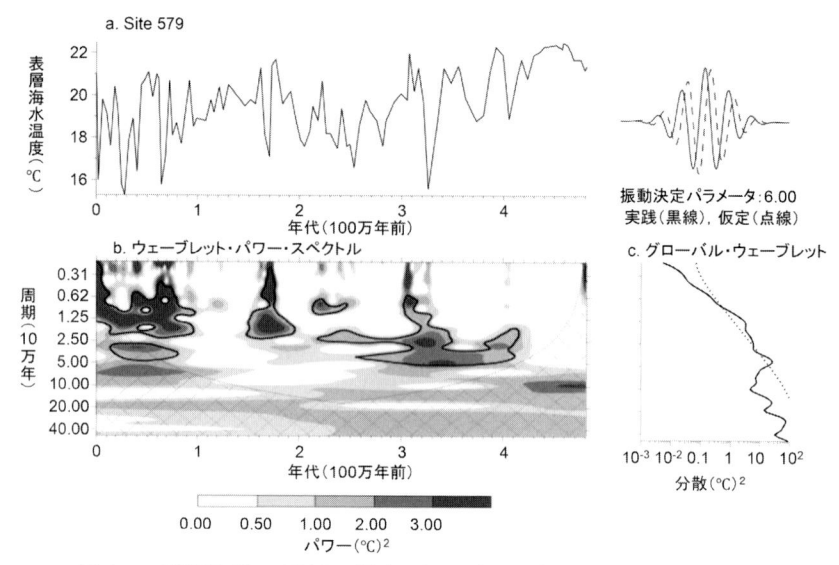

図 2.7 DSDP Site 579 の過去 480 万年間の年間表層海水温度（℃）のウェーブレット変換解析（山本浩文氏による）．Torrence and Compo (1998) のウェーブレット・ソフトウェアを使用．

万 1000 年の周期値が卓越している（図 2.7）．410-260 万年前と 80-20 万年前には離心率に相当する 41 万年周期が検出された．その他 410-380 万年前，350-220 万年前に 25 万年の周期が存在する．

亜寒帯境界と亜寒帯前線の間の移行水域に位置する Site 580 では，314 万年前の年間 SST が現在より 8℃ 高い 20.8℃（図 2.6 の⑦）を示した．その後，235 万年前には 12.6℃（⑩）へ急激に低下した後，平均 16.0℃ 前後で安定した値になっている（図 2.6）．66 万年前に 12.3℃（⑬）から 55 万年前の 18.8℃（⑭）へ 6.5℃ 昇温した後，21 万年前に急激に低下し 10.7℃（⑭）になっている．

三陸沖東方の亜寒帯前線に位置する Site 436 の鮮新世では，448 万年前に現在より 8.1℃ 高い 21.3℃（図 2.6 の⑤），306 万年前に 19.2℃（⑦）となり，現在より 8.1-6.0℃ 高い年間 SST であった（図 2.6）．Site 579 の 460-440 万年前，390 万年前と Site 436 の 490 万年前，450-420 万年前は，後期鮮新世 300 万年前より温暖であった（Koizumi, 1985；図 2.6）．

PRISM 計画によると，300万年前の気候は現在より2-3℃温暖であったと結論づけられている (Haywood and Valdes, 2004; Dowsett and Robinson, 2009). しかし，Brierly and Fedorov (2010) は前期鮮新世の約400万年前の方がむしろ暖かく，現在より約4℃も温暖であったとしている．熱帯の暖水プールが極方向へ拡大して，赤道から亜熱帯〜中緯度域への温度勾配が減少したためと推測される (Brierly et al., 2009).

2.3 珪藻群集の系統進化

6550万年前以降の地質時代である新生代は全体として地球寒冷化の時代である．しかし，短いが安定した温暖期が何度か起こっている．このような寒冷気候と温暖気候の差異が珪藻群集の種組成に影響をおよぼしていることが判明している (Shiono and Koizumi, 2001, 2002). 北西太平洋中緯度域から深海掘削計画によって回収された海底堆積物コア中の珪藻化石群集の分析研究によると，中期鮮新世（440-340万年前）の温暖期に珪藻の生産が上昇して珪藻質堆積物が大量に形成された．しかし，その後の270万年前の北半球高緯度域における氷床形成にともなう寒冷気候によって，珪藻質堆積物の堆積速度が急激に低下した．さらに，寒冷気候と温暖気候のくり返しによる海水温度と海洋循環の変動が珪藻種の系統進化に影響を与えて，珪藻群集の種や属の構成に変更をもたらしたことが記録されている．

鮮新世を通じて起こった気候変動と珪藻の種や属の分化や多様化との関連性について，寒冷水塊に生息する円心目珪藻の *Thalassiosira trifulta* グループに属する珪藻種群の走査型電子顕微鏡（SEM）に基づいた微細構造の詳細な観察が行われた．その結果，判明した種分化（系統進化）に関しては，他書で解説した (Shiono and Koizumi, 2000, 2001 ; 小泉, 2011) ので，ここでは温暖水塊に生息する主要な珪藻種群である *Azpeitia nodulifera* グループの多様化と進化 (Shiono and Koizumi, 2000, 2002) について解説する．

A. nodulifera グループは殻面の縁辺と中央部に唇状突起（rimoportula）を有することが特徴である（表紙写真）．中央唇状突起の開口部が大型化する種内変異が460万年前と310万年前に起こっている（図2.8）．中央唇状

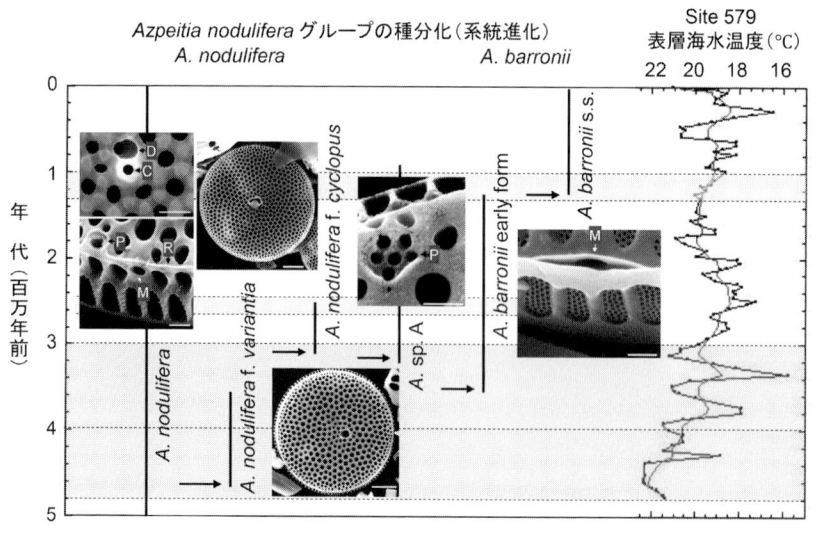

図2.8 北西太平洋中緯度域における海洋環境（表層海水温度）の変動に連動した珪藻種群の微細構造に基づく種分化（系統進化）(Shiono and Koizumi, 2002). 写真はすべて SEM 写真. A. nodulifera, 上の写真：D, 中央陥没. C, 中央唇状突起の外側開口部. スケール, 2 μ. 下の写真：P, 擬結節. R, 殻縁. M, 縁辺唇状突起の内側開口部. スケール, 1 μ. A. nodulifera f. variantia：殻全体写真の中央部に中央唇状突起の外側開口部がある. スケール, 10 μ. A. nodulifera f. cyclopus：殻全体写真の中央部に中央唇状突起の外側開口部がある. スケール, 10 μ. A. sp. A：P, 擬結節. スケール, 1 μ. A. barronii early form：M, 縁辺唇状突起の外側開口部. スケール, 1 μ.

突起の開口部の形が月形や棒状に多様化している A. nodulifera（Schmidt）Fryxell & Sims f. variantia Shiono は 460 万年前の最温暖期に出現し, 350 万年前に絶滅した. A. nodulifera f. cyclopus (Jousé) Sims の開口部は大きく, A. nodulifera にある中央陥没がない. この種は温暖期最後の 310 万年前に出現し, 寒冷期の 250 万年前に絶滅した. A. sp. A（種名が未確定のために仮に A としてある）は A. nodulifera より複雑な擬結節（pseudonodule）をもつが, 殻内側の中央唇状突起は中位の大きさで瘤（knob）がない. 温暖期の 320 万年前に出現し, 90 万年前の寒冷期に絶滅している.

　A. barronii Fryxell & Watkins は殻縁の側面端が波形模様になっており, 1列の延びた胞紋（areolae）が殻環（girdle）を取り巻いている. 中央唇状

突起の殻面内側の開口部は大きく，瘤がない．縁辺唇状突起の外側開口が単純な個体が初期型である．温暖期の350万年前に出現し，寒冷期の130万年前に絶滅した．替わって A. barronii sensu strict（s.s.）が出現した．

　A. nodulifera グループの分化と多様化は鮮新世温暖期の500-300万年前に起こっており，絶滅は260-240万年前と140-100万年前の寒冷期に生じている（図2.8）．鮮新世～更新世の寒冷化移行期を通じて A. nodulifera グループの個体群はその大きさを減少させると同時に，寒冷種の Neodenticula seminae（Simonsen & Kanaya）Akiba & Yanagisawa に交代している．すなわち，500-300万年前の温暖気候は温暖種群の A. nodulifera グループを環境に適応させて多様化や進化などの変異をもたらしたが，その後の寒冷気候が A. nodulifera グループを絶滅に追い込んだのである．環境変異に適応した個体が生存競争を生き延びて子孫を残し，進化するとする「自然淘汰説」は19世紀にダーウィンが樹立した．ここでの解説はその一例である．

2.4　珪藻生産

　現在の北海道と東北日本の東方沖における亜寒帯前線は，北緯40°以北の寒冷で低塩分の亜寒帯水塊と北緯20-40°の温暖で高塩分の亜熱帯水塊とが境界する水深200-400 m の等塩分線である（Masujima et al., 2003；図2.2）．亜寒帯水塊の循環は反時計回りの低気圧性であるが，亜熱帯水塊のそれは時計回りの高気圧性である．そのために，亜熱帯水域では表層水が収束し沈降するが，亜寒帯水域の表層水は発散し湧昇するので，リン酸塩や硝酸塩などの栄養塩類の豊富な深層水が亜寒帯水域の表層へ運ばれ，高い生物生産をもたらす．高い生物生産量は海底への生物源の珪質フラックスを増加させ，堆積させる．

　亜熱帯水塊と亜寒帯水塊が混合する混合水域に位置する Site 579 の珪藻殻数は珪藻の一次生産量，水柱での珪藻殻の溶解と海底での保存，砕屑粒子や有機物による希釈の結果として算出される（Koizumi et al., 2004）．Site 579 の堆積速度は480万年前以降ほぼ一定である（図2.3）．珪藻殻数は堆積物コアの下部層から上部層へ時代とともに増減をくり返しながら全体として減

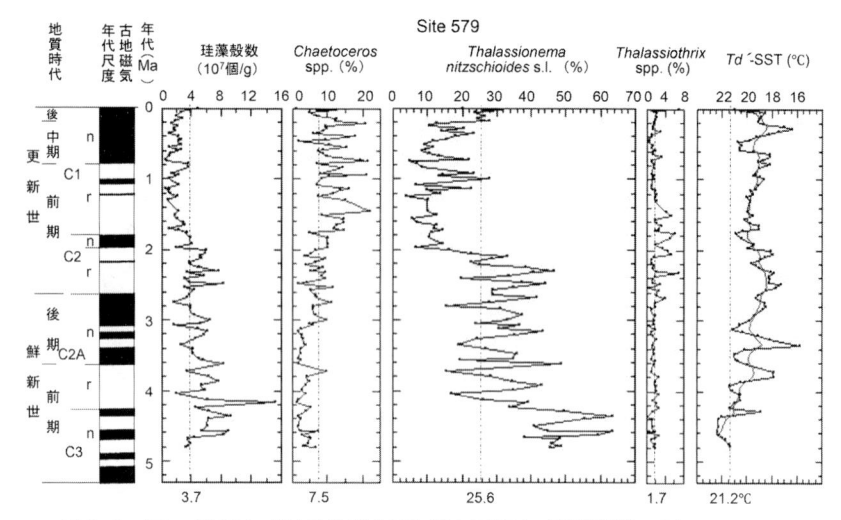

図2.9 Site 579における珪藻生産に関わる要素（珪藻殻数，*Chaetoceros* spp.，*Thalassionema nizschioides* s.l.，*Thalassiothrix* spp.）と表層海水温度の層序変化．垂直な破線は平均値を示す．ただし Td´-SST（℃）での垂直破線は現在の年間表層海水温度である．

少傾向にある（図2.9）．417万年前での珪藻殻数の著しい増加（15.1×10^7 個/g）は *Thalassionema nitzschioides* s.l. の急激な増加（相対存在量，48％）が原因である．Site 579の堆積物に含まれる珪藻化石群集は，*Tn. nitzschioides* s.l. と *Chaetoceros* spp. が圧倒的に優占しており，*Thalassiothrix longissima* は極めて少ない．200万年前より古い時代の層準では *Tn. nitzschioides* s.l. が圧倒的に多く，相対存在量は480-420万年前で40-64％，420-200万年前では40-20％である．一方，200万年前以降では *Tn. nitzschioides* s.l. が減少し，*Chaetoceros* spp. が増加して，両者の相対存在量は等量（10-20％）となる．年間SSTは480万年前から200万年前にかけて22℃から18℃へ低下するが，それ以降は約19℃で安定している．前期鮮新世の赤道に沿って暖水プールが帯状になって拡大していたが，その後赤道方向へ徐々に狭くなり，中緯度や亜寒帯域は寒冷になった．そして200万年前に現在のような南北方向のSST勾配が発達した（Brierley and Fedorov, 2010）．

　Chaetoceros spp. の相対存在量の増加と湧昇強化による高生産量との間に，密接な関連性のあることがベーリング海とオホーツク海の表層堆積物におい

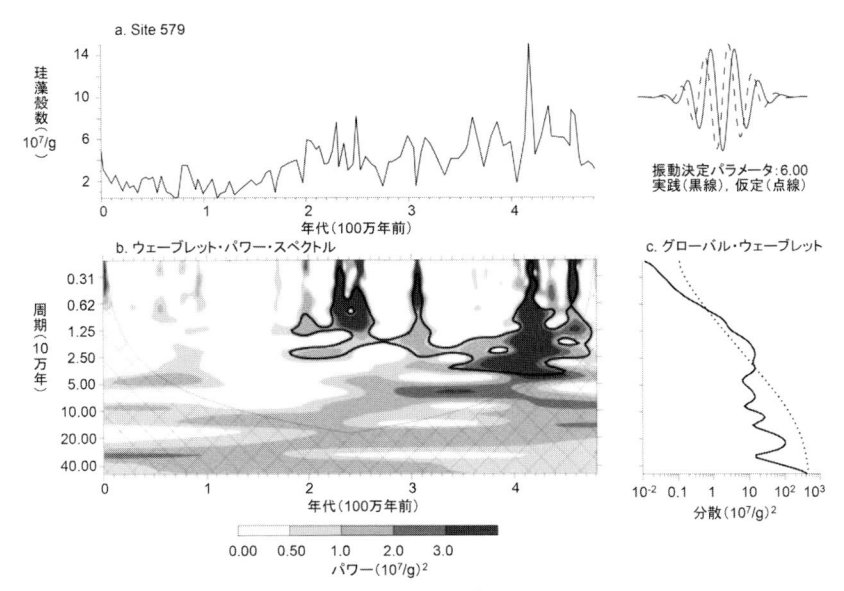

図2.10 Site 579における珪藻殻数（10^7個/g）の過去480万年間のウェーブレット変換解析（山本浩文氏による）．Torrence and Compo（1998）のウェーブレット・ソフトウェアを使用．

て認められている（Sancetta, 1982）．北アメリカ西海岸，オレゴン州ブランコ岬沖のセジメント・トラップ試料の分析結果によると，沿岸域の夏～秋季（7-11月）の湧昇が *Chaetoceros* spp. の生産量を増加させている（Sancetta *et al.*, 1992）．一方，カリフォルニア湾のセジメント・トラップ試料では，晩冬～春季（2-5月）に *Chaetoceros* spp. の相対存在量（％）が最高となっている（Sancetta, 1995）．

417万年前に珪藻殻数が最大となるSite 579における珪藻殻数のウェーブレット変換解析によれば，この時期に地球軌道要素の離心率の周期に相当する41万年周期から地軸傾斜角の周期に相当する5万4000年-4万1000年周期までの範囲内にある周期値が卓越している（図2.10）．470-450万年前，320-300万年前，260-180万年前の期間において，離心率の周期に近い12万5000年-10万5000年周期が強く現れている．さらに460-450万年前，440-410万年前，315-295万年前，255-220万年前，205-195万年前，170万年前，100-90万年前に卓越する周期値は地軸傾斜角に相当する周期の範囲内にあ

る．さらに *Tn. nitzschioides* s.l. の相対存在量（％）の変動周期は，480-330万年前で42万5000年-37万5000年周期，330-200万年前で25万年-17万5000年周期，140-50万年前で12万5000年周期と，いずれも離心率に近似した周期値が卓越し，堆積物コアの下部層から上部層へ時間の経過とともに，周期値が短期的な周期になっている．*Chaetoceros* spp. の相対存在量（％）の変動周期は170万年前以降に25万年-12万5000年の周期値が卓越するが，それ以前の古い時代には顕著な周期値は認められない．また，*Tx. longissima* の相対存在量（％）の変動周期では260-140万年前に35万年-22万5000年周期値が顕著に認められ，260-200万年前と180-140万年前に離心率に相当する12万5000年の周期値が認められる．結局のところ，珪藻生産が日射量変動によって規制されていることは明確である．

高緯度域における275万年前の寒冷化気候が引き起こした南北方向の温度勾配の増加によって，200万年前に熱帯暖水プールが赤道域の西側に収斂するとともに，熱帯と亜熱帯の間に比較的強いウォーカー循環と寒冷な亜熱帯温度がもたらされて，海洋環境は現在型へ移行した（Brierley and Fedorov, 2010）．したがって，200万年前より古い時代には現在の北太平洋を特徴づける亜熱帯前線は存在していなかったので，温暖水域には *Tn. nitzschioides* s.l. を主体とする羽状目珪藻コロニーが繁殖して表層水の栄養塩を消費した後に沈降した（Kemp *et al.*, 1995）と考えられる．

200万年前に北半球の寒冷化が一段と進行して海水温度は低下した（Koizumi, 1985; Sancetta and Silvestri, 1986; Shimada *et al.*, 2009）．200万年前に北太平洋高緯度域の東側にあるデトロイト海山のSite 883やSite 882，西側のパットン・マレー海台のSite 887および三陸沖のSite 438における珪藻殻沈積量は著しく減少して，IRDが急増している（Barron, 1998）．寒冷で低塩分の表層水が北半球高緯度域において成層状態を形成したために，栄養塩類の豊富な深層水の湧昇が妨げられたのである．温暖な北太平洋亜熱帯水塊と寒冷な湧昇状態のカリフォルニア縁辺域の間に位置するODP Site 1014では，170万年前に$CaCO_3$（方解石）の沈積量が減少して，季節性が強くなっている（Ravelo *et al.*, 2004）．150万年前以降に表層海水温度が上昇するにつれて，*Tn. nitzschioides* s.l. の相対存在量は5％から30％へ増加している（図2.9）．

Site 580 の堆積物コアに含まれる浮遊性海生珪藻群集の種組成とそれを支配する環境因子との対応関係を識別するために，Q モード因子分析が行われた．因子群に高い負荷をもつ変数の数を最小にする直交回転法によって得た因子1は，*Tn. nitzschioides*（相対存在量で規制される因子負荷量，0.9637）が卓越するが，強い負の因子として寒冷種の *Neodenticula kamtschatica* と *N. koizumii* が存在することから，*Tn. nitzschioides* は亜熱帯〜温暖種であると判断されている（Barron, 1992）．一方，Tanimura *et al.*（2007）によれば，現在の海洋に生息している *Thalassionema* 属の種と変種は，殻の外形によって主に18タクサに識別されており，それぞれが適切な水塊に適応している．それゆえ，ここでは *Thalassionema nitzschioides* sensu lato（s.l.）と一括している．

　世界の二大湧昇域の1つである東赤道太平洋の湧昇域において，前期鮮新世の520万年前，490万年前，および460万年前で *Thalassiothrix longissima* を主体とした *Thalassiothrix* グループによって構成されたマット（ラミナ）状の珪藻軟泥が回収されている（Kemp and Baldauf, 1993; Kemp, 1995; Kemp *et al.*, 1995; Pearce *et al.*, 1995）．*Tx. longissima* は針状の羽状目珪藻で，海水1ℓ中に 10^3-10^6 個の細胞が含まれており，現在の東赤道太平洋では単体ないしは群体でマットを形成している（Kemp *et al.*, 2000）．北太平洋中央部の亜寒帯前線帯における ODP Sites 885 と 886 の後期中新世〜前期鮮新世（590-500万年前）の堆積物は，85％以上が羽状目珪藻の *Thalassionema* と *Thalassiothrix* によって占められる珪藻軟泥である（Dickens and Barron, 1997）．もう1つの湧昇域，アフリカ大陸南西沖のベンガル湧昇域における500万年前以降の珪藻群集の変動についてはコラム5の解説を参照されたい．

　海洋における生物生産は限られた栄養塩の濃度に依存している．海洋中の栄養塩の滞留時間は1万年以下と短いために，100万年スケールの生産量変動を解釈するためには，陸上における風化作用の激化によって海洋に加えられた栄養塩の流入プロセスと大気-海洋ダイナミックスの変化が前線帯へ供給する栄養塩フラックスの増減を考慮する必要がある．

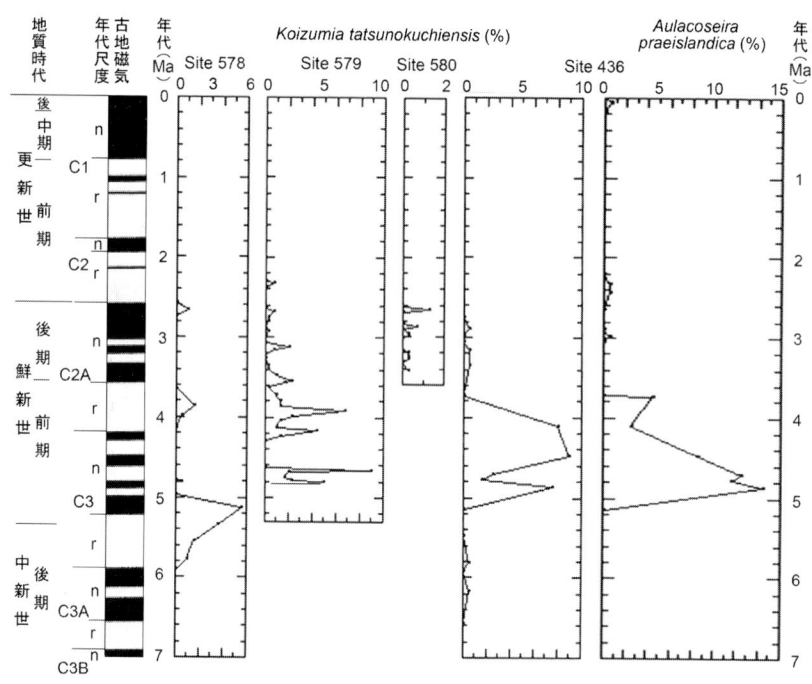

図2.11 Sites 578-580 と Site 436 における沿岸性海生珪藻化石 *Koizumia tatsunokuchiensis* と淡水生珪藻化石 *Aulacoseira praeislandica* の産出頻度の比較．*K. tatsunokuchiensis* の産出は Sites 578 と 579 の前期鮮新世温暖期を挟んだ上下の2層準に分割されているが，Site 436 では 490-410 万年前の温暖期に限定されている．*A. praeislandica* もまた Site 436 の前期鮮新世温暖期に限定されている．

2.5 特徴的な珪藻化石2種の出現

Sites 578 と 579 の堆積物コアでは，前期鮮新世 430 万年前の温暖期をはさんだ上下の2期間で，鮮新世に絶滅した沿岸性海生珪藻化石 *Koizumia tatsunokuchiensis*（Koizumi）Yanagisawa の産出が確認される．しかし，東北日本に近い Site 436 では *K. tatsunokuchiensis* の出現は 490-410 万年前の温暖期に限定されており，淡水生珪藻化石 *Aulacoseira praeislandica*（Jousé）Simonsen と共存している（Koizumi and Sakamoto, 2012；図2.11）．

K. tatsunokuchiensis は福島県富岡町に分布する前期鮮新世の竜の口層で

発見され記載された (Koizumi, 1972). 本種は後期中新世の570万年前から出現し始め，中新世-鮮新世境界付近の530万年前から相対存在量が増加するが，鮮新世-更新世の境界付近260万年前で絶滅する．本種の相対存在量は単発的に増加する時代がある (Yanagisawa, 1994; Barron, 2003). 本種は世界中の主に中緯度域の陸上堆積物や海底堆積物から報告されており，内湾性の沿岸環境に生育していたと推定される (Koizumi, 1972, 1973b; Yanagisawa, 1994).

A. praeislandica はロシア共和国東部のプリモスキー地区と中国黒龍江省の国境にあるハンカ湖の湖底堆積物（中新統）から発見されて記載された (Jousé, 1952). 本種は黒海の海底鮮新統からも報告されている (Jousé and Mukhina, 1978). 日本では，非海成鮮新統の代表的な動植物化石の産地である三重県上野盆地に分布する古琵琶湖層群の鮮新統伊賀層から，本種を含む淡水生珪藻化石以外に大型植物，海綿，魚類，爬虫類などの化石が発見されている (Tanaka et al., 1984). 本種の子孫種である現生種 *A. islandica* (O. Müller) Simonsen は富栄養型の湖や河川の流れの弱い寒冷水中に浮遊生息している．

Site 436 では，これらの淡水生珪藻化石と沿岸性海生珪藻化石が粗粒火山砕屑物の産出，石英粒子や粘土鉱物粒子の増加，糞粒の増加とともに，前期鮮新世の温暖期に限定した大量の存在が確認されている (Koizumi and Sakamoto, 2012). この時代に限定して存在する理由は，この時代にとくに風化作用が強まったことに起因すると考えられる．すなわち，古琵琶湖層群が分布する露頭の湖成堆積物から風化作用によって洗い出された淡水生珪藻化石が，河川水によって河口の沿岸域へ運搬された後，この沿岸水が黒潮と混合し黒潮続流域へ輸送された結果であると考えられる．さらに，Site 436 では火山灰のみの単一で層が形成されないで，陸源性砕屑粒子や生物源成分と混合して存在しており，再堆積によって堆積物粒子が再分布した可能性がある．600-400万年前の温暖気候が地表に露出していた堆積岩を乾燥させて，風化浸食された土壌から石英粒子や鉱物粒子などが風によって Site 436 地点へ運搬され，堆積量が増加した可能性が示唆されている (Schramm, 1989). また，Site 436 地点で検出された糞粒は生物源シリカ粒子と混合したシルト

や粘土から構成されている．糞粒は外形の形態によって5つのタイプに分けられた（Thompson and Whelan, 1980）．タイプAは縦横比が2対1の引き延びたフットボール形，タイプBは縦横比2対1の円筒形で縦に溝がある．タイプCは縦横比2.5の不規則な楕円形．タイプDは縦横比2.5のやや円筒状の不規則な楕円形．雑多タイプはタイプA-Dが変形した不規則な形態である．タイプDと雑多タイプの初出現は前期鮮新世の490万年前である．490万年前以降における糞粒のタイプ別の相対存在量の変化とタイプの増加が粗粒火山砕屑物の増加と一致していることから，風成による火山砕屑物が海底へ沈積して底生生物の生態系をかき乱し，ダイナミックになった生態環境に底生生物が適応した結果であると考えられている（Thompson and Whelan, 1980）．

2.6 熱帯サイクロンの発達と海流の風成循環

北西太平洋中緯度域の外洋性堆積物には偏西風がもたらした陸源の風成塵が混入している．風成塵の粒径サイズと質量フラックスは中新世-鮮新世境界の500万年前から後期鮮新世へ連続的に増加して，360万年前に最大となっている（Rea, 1994）．900-800万年前と360万年前におけるヒマラヤ-チベット台地の隆起事件は，隆起した山塊の風下側の乾燥化を促進し，生成された偏西風が陸源砕屑物を中国北部や北太平洋へ大量に運搬した（Zheng *et al.*, 2004）．

鮮新世温暖期を通じて，赤道に沿った巨大な暖水プールが極方向へ拡大していた．そのために，赤道に沿う東西のSST勾配は非常に弱いか，あるいはほとんどなかった．さらに，赤道から中緯度への南北方向のSST勾配も著しく減少していた．大気循環モデルによると，前期鮮新世において赤道太平洋を南北に横切るハドレー循環と東西に横切るウォーカー循環が弱かったために，大気循環による垂直的な風の剪断は減少し，温暖なSSTとともに赤道に沿う幅広い帯状の暖水プールにおける熱帯サイクロンの活動を活発にした．そのために，ハリケーンの発生率は現在の倍となり，活動の季節性が弱まり年中発生していた（Fedorov *et al.*, 2010）．

風成循環流はカリフォルニアとチリの海岸沖で沈降した後，西方と赤道へ向かい黒潮や太平洋亜熱帯ジャイアと合流する．赤道に沿った海水は表層へ上昇して赤道潜流によって東方へ運ばれる．循環流は水深 250 m より浅い南北の反復を伴った亜熱帯セルとなっている．海洋におけるハリケーン効果は，ハリケーンのエネルギーが摩擦または粘性によって熱に変わる現象の年間平均パワー散逸指数（Power Dissipation Index；PDI）によって測定される．このエネルギーは海水上層の 120-200 m の深さまでを混合するために使われる．したがって，PDI の分布は強いハリケーン活動域と一致している．暖水プールの拡大は亜熱帯太平洋のハリケーン活動を活発にし，ハリケーン帯における海洋の強い垂直混合は東赤道太平洋の温暖化と熱帯温度躍層の深化をもたらす．永久的エル・ニーニョ様状態と強いハリケーン活動は正のフィードバックの結果である．

コラム2──大気大循環

　地球は太陽放射熱と同量の熱を地球放射熱として宇宙空間へ放出しているので，地球全体の熱は差引きゼロの平衡状態になっている．しかし，地球は球体であるために，地球が受け取る太陽放射熱は低緯度域で多く高緯度域では少ない．一方，地球が放出する熱は地表温度に対応した放射熱を放出している．その結果，低緯度域では太陽放射熱が地球放射熱を上回り，高緯度域では太陽放射熱が地球放射熱を下回っている．赤道域と極域の温度差を平均化させて均衡をとるために，熱と物質を移送しているのが地球規模の大気と海流の大循環である．

　熱帯域が受け取る太陽放射熱による南北方向の大気循環をハドレー循環と呼ぶ．コリオリの力によって発生した熱帯東風（貿易風）によって熱帯収束帯と亜熱帯高気圧帯とを結合させ連動させている（図）．太平洋の熱帯海域で東から西に向かう貿易風の上空には，反対方向の西から東へ向かう気流が存在し，大きな東西のウォーカー循環と呼ばれる循環が形成されている．熱帯収束帯は北半球夏季モンスーンの源となり，亜熱帯高気圧帯は砂漠や干ばつ帯を形成する．一方，極域の冷却源によって北極点から北極前線帯へ周極風が吹いている．2つの循環系にはさまれた中緯度域には東西方向のフェレル循環がある．西寄りの風が偏西風帯を形成し低気圧と雨を西から東に運ぶ．上空には秒速100 mのジェット気流が西方へ吹いている．

　太陽放射熱と地球軌道要素の変化が気候システム内部に変動をもたらすので，海洋において熱塩循環（「海洋コンベア循環」とも呼ぶ）が作動しているか否かの違いが大気圏の気候異常をもたらす．北大西洋における熱塩循環が停止す

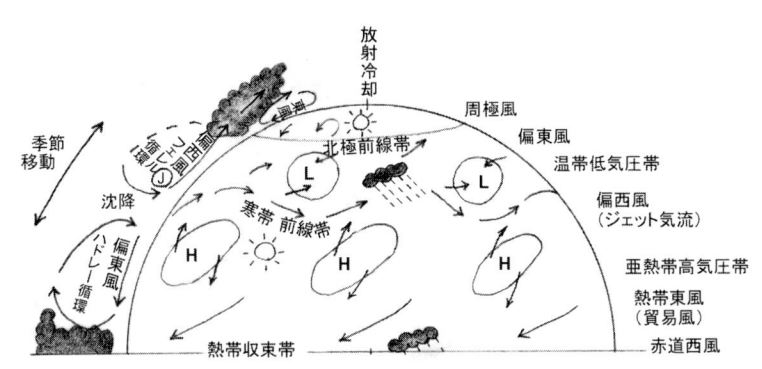

図　北半球における大気循環と気圧配置．赤道で暖められた空気は上昇し，南北に広がる．上昇した空気は水蒸気の飽和量が減少し，熱帯で降雨となる．亜熱帯では，冷たくなった大気が赤道に戻るが，コリオリの力を受けて東よりの風（貿易風）となる．下降気流は乾燥していて天気のよい気候帯をつくる．北半球で空気が集まるところ（収束帯）は，熱帯収束帯，寒帯前線帯（ポーラーフロント），北極前線帯などである．H：高気圧．L：低気圧．J：ジェット気流．

ると，冬季に海氷の形成が拡大し上空の大気が冷却されるために北大西洋は約1℃低温化する．さらに大西洋の風向を子午線（南西-北東）から帯状（西-東）に変える．融氷水や河川水が北大西洋へ流入して起こる海水の淡水化は北半球を乾燥させ，アフリカやアジアのモンスーン降雨を弱めている．

コラム3──地球軌道要素

　地球軌道の離心率は9万5000年，12万3000年，41万3000年の周期成分で変動している．これらを低分解能のスペクトル解析を行うと，ほぼ10万年と41万年の周期をもつ変動として検出される．太陽の遠近による年間の平均日射量はわずか0.3%，気温にして0.2-0.3℃しか変化しない．しかし氷とアルベド・フィードバック，二酸化炭素とエアロゾルの変化，アイソスタテック・リバウンドや氷山の崩落（サージ），基盤岩の変形などの効果が加わり，氷期-間氷期の10万年周期が生じる．地軸傾斜角2万9000年と5万4000年の成分をもつ4万1000年の主要な周期性がある．自転軸は月や太陽，木星が地球の膨らみにおよぼす引力のために，1万9000年と2万3000年の周期をもつ平均2万1700年の準周期性で「味噌すり運動（歳差運動）」をしている．この運動は地軸の回転方向と逆向きの右回りである．地球はまた，公転軌道上を左回りに近日点では速く，遠日点ではゆっくり回るので，地軸の味噌すり運動と合わさって，気候上重要な春分点は公転軌道上を2万1000年で1周している．
　地軸傾斜角と歳差の変動は大きな振幅をもたらし，季節要因となる．9000年前に北半球の夏季に太陽へ最接近したので，夏季日射量は7%増加し，冬季日射量が7%減少した．現在，地球は遠日点に接近する時に北半球で夏季が始まるので，地球全体の日射量は冬季より7%少ない寒い夏季，寒冷期を迎えている．日射量の地理的分布は幅広い振幅をもたらし，北半球には大陸塊が多いので，北半球高緯度域の夏季日射量は全日射量より20%多く変動する．
　地軸傾斜角と歳差の干渉作用として，3万年周期，それらが重合して5万7000-6万年周期が生じる．

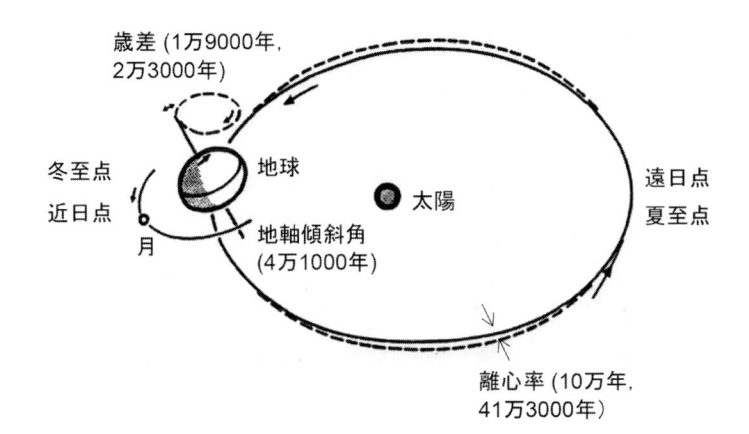

図 気候は地球軌道要素の周期的変化から起こる地表上の日射量の変動と分布によって影響されている．地球軌道の離心率，地軸傾斜角，地軸の歳差運動による分点の位置などの変化が，1万9000-41万年の周期性をもたらす．地球軌道要素のそれぞれの周期が重なり合って，氷期・間氷期の10万年周期と亜氷期・亜間氷期の2万年周期が形成される．現在は遠日点の近くで夏至となっているので，夏季日射量が少なく現在の間氷期（完新世）はすでに終わっている．

コラム4──LR04年代モデルとMIS（海洋酸素同位体ステージ）

すべての古海洋データを相互に比較し得る共通な時間スケール（タイプ・セクション；Alley, 2003）として，LR04年代モデル（Lisiecki and Raymo, 2005）が提案されている．この新しい年代スケールは，汎世界的に分布した57地点からの3万8000個の底生有孔虫殻 $\delta^{18}O$ のデータを北緯65°，6月21日の日射量に基づく単純な氷床モデルによって調整した，過去530万年間の鮮新世-更新世年代モデルである．標準偏差の平均は0.06‰である．LR04 $\delta^{18}O$ データは，過去530万年間の全期間を通じて地軸傾斜角の周期による日射量変動と一致し，記録の過半数は歳差周期による日射量変動と一致している．

現在から鮮新世-更新世境界のMIS 104までの時代はSPECMAP年代スケール（Ruddiman et al., 1989; Raymo et al., 1989）の命名を踏襲し，MIS 104より古い時代においてはShackleton et al.（1995a）のステージ認定体系を基本的に採用している（図）．LR04年代モデルにおける最大の $\delta^{18}O$ 値 5.08 ± 0.11‰ は63万年前のMIS 16と43万3000年前のMIS 12であり，最小値 2.65 ± 0.15‰ は513万5000年前のMIS T7である．7つの氷期ターミネーションの規模と年代は表にある．

LR04年代モデルの補足資料は，National Geophysical Data Center（http://www.ngdc.noaa.gov/paleo/paleocean.html）にある．

表　最近の氷期ターミネーション(Lisiecki and Raymo, 2005)

ターミネーション	規模(‰)	年代(万年前)
I	1.78 ± 0.10	1.4
II	1.86 ± 0.13	13.0
III	1.18 ± 0.16	24.3
IV	1.64 ± 0.13	33.7
V	1.97 ± 0.12	42.4
VI	1.15 ± 0.14	53.3
VII	1.57 ± 0.15	62.1

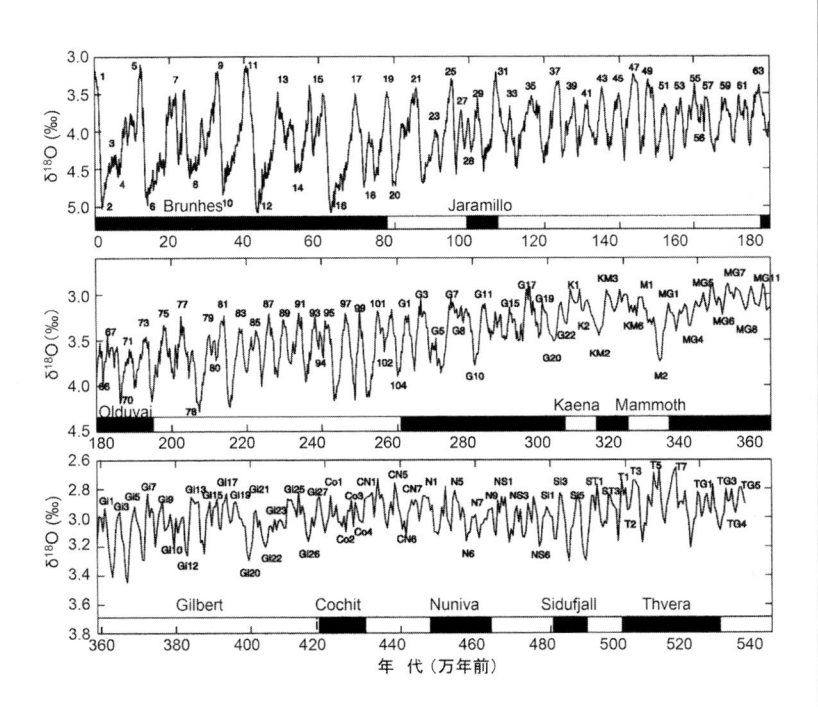

図 汎世界的に分布した57地点の底生有孔虫殻 $\delta^{18}O$ 記録を北緯65°，6月21日の日射量に基づく氷床モデルで調整した鮮新世-更新世のLR04年代モデル (Lisiecki and Raymo, 2005).

第3章
鮮新世〜更新世の寒冷化移行期

　北半球における氷床の形成は鮮新世の360万年前に始まった (Kleiven et al., 2002). それは鮮新世の「温室型」地球から更新世の「氷室型」地球への気候変化を意味する. 330万年前の海洋酸素同位体ステージ (Marine Isotope Stage；MIS) M2における寒冷化によって, 北大西洋深層水 (North Atlantic Deep Water；NADW) が形成された. 275万年前にはグリーンランド, スカンジナビア, 北アメリカ大陸などに大陸氷床が発達し, その後周期的に増減をくり返すようになった (図3.1). 海洋酸素同位体ステージについてはコラム4で解説している. 底生有孔虫殻の$δ^{18}O$値は全球氷床量と深層水温度の変化を記録しているので, 高緯度域における気候変動のプロキシとなる. 海底堆積物に含まれる底生有孔虫殻の$δ^{18}O$と大陸氷床が地面を削って生じたIRDの時系列変動の記録は, 主要な氷床の拡大が鮮新世-更新世境界の280-250万年前に北半球中〜高緯度域で起こったことを示している (図3.1；Lisiecki and Raymo, 2005).

　ノルウェー海のODP Sites 644と907, および北大西洋のDSDP Sites 610と607の堆積物コア (図3.2) におけるIRD記録は, 274万年前にそれらのすべての地点において同時に著しく増加している. その時期は, Site 610堆積物コアでは有孔虫殻$δ^{18}O$値が増加 (寒冷化と氷床量の増加) する時であり, IRDの地域的記録が$δ^{18}O$の全球記録の主要な変化によって裏付けられている (Kleiven et al., 2002). 一方, 北西太平洋高緯度域のODP Site 882堆積物コアでは, 295万年前にIRDがわずかに増加した後, 275万年前に急増している. この結果は, ノルウェー海や北大西洋の場合と同じであり, ユー

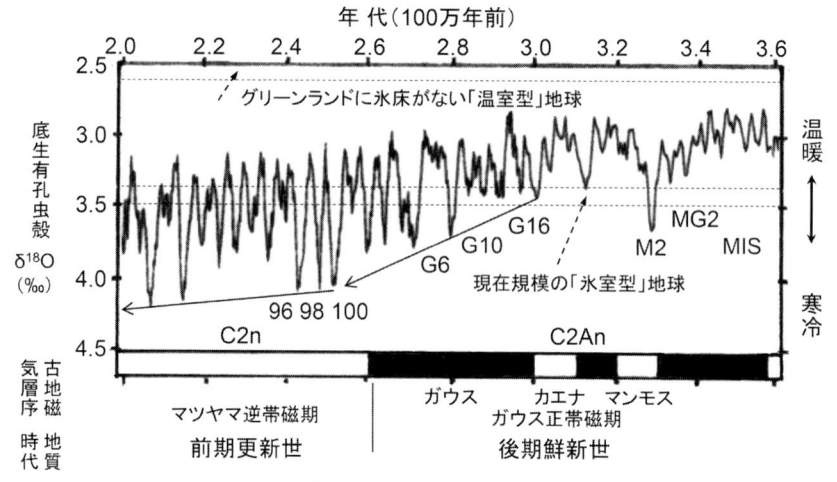

図3.1 底生有孔虫殻のδ^{18}Oを北緯65°、6月21日の日射量に基づく氷床モデルで調整した底生有孔虫殻δ^{18}OのLR04年代モデル (Lisiecki and Raymo, 2005を改変).

ラシア北極と北東アジアで著しい氷床形成が開始されたことを示している.この時,SSTは7.5℃以上低下し,オパール沈積量(Mass Accumulation Rate;MAR)は5倍に増加し,全有機炭素とCaCO$_3$の沈積量は徐々に減少し始めている.北東太平洋高緯度域のODP Site 887におけるIRDの出現は270万年前であることから,その源であるアラスカ氷床はユーラシア北極と北東アジアの氷河が形成された5万年後に形成されたことを示している (Maslin et al., 1995).

底生有孔虫殻δ^{18}Oの変動を温度プロキシである浮遊性有孔虫殻のδ^{18}Oと比較することによって,全球規模の極めて均一な氷床量と海洋深層水の温度を知ることができる(図3.1;Mudelsee and Raymo, 2005).底生有孔虫殻δ^{18}O値の0.4‰の増加は,海水準43 mの低下に相当する.このことから293-282万年前(MIS G16-G10)に海水準は45 m低下し,274万年前(MIS G6)にはさらに45 m低下したことが分かる(Bartoli et al., 2005).非対称な鋸歯状の氷期-間氷期サイクルは約270万年前に主要な北半球氷床が形成された後の250万年前に初めて出現した.その後,底生有孔虫殻δ^{18}Oの振幅は次第に増加した(Lisiecki and Raymo, 2005).北半球氷床は,極-赤道間の

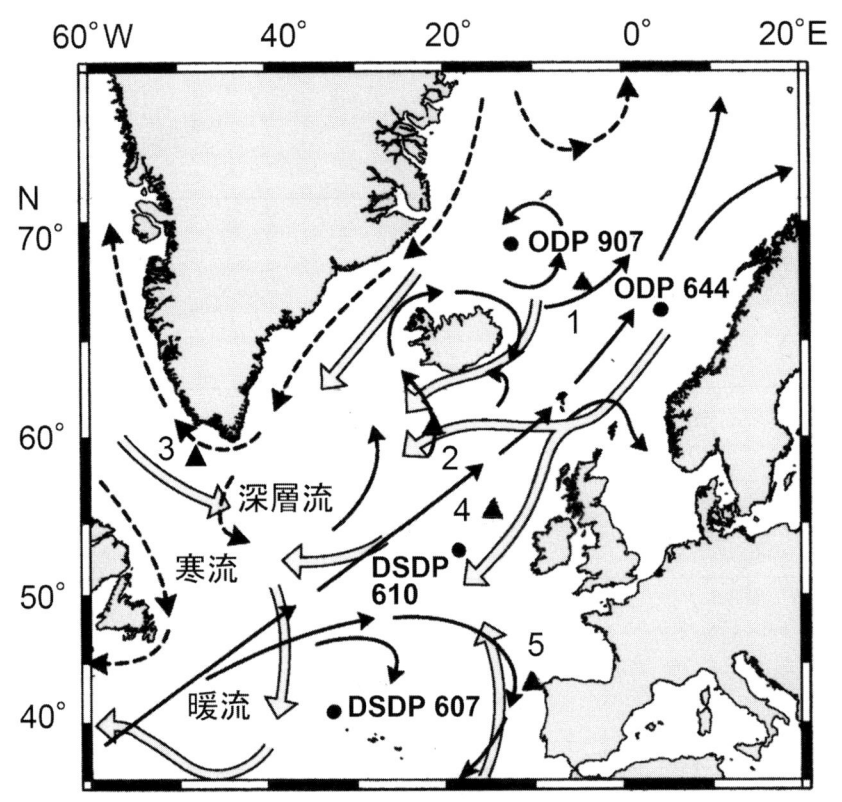

図3.2 本書で言及したノルウェー海と北大西洋における海底堆積物コアの位置と海流系の関係を示す図（Kleiven et al., 2002 を改変）．黒丸印：第3章で言及．黒三角印：第5章で言及．1：PS1243．2：ODP Site 983．3：ODP Site 646．4：ODP Site 980．5：MD01-2447．

気温勾配の増大により湧昇流と風成循環が強化された結果，全球温度が低下するにつれてさらに拡大した．

　北半球における氷床量の増加は，山脈や台地の隆起と海路の閉鎖のようなゆっくりした地殻運動によって促進されている（Mudelsee and Raymo, 2005）．275-255万年前に北半球氷床形成が顕著に拡大した原因は，地軸傾斜角の振幅が徐々に増大したと同時に，歳差運動の振幅が急激に大きくなった結果，280-255万年前に日射量が減少して，北半球の夏季が冷涼となり冬季の降雪が促されたためであると考えられている（Berger and Loutre, 1991; Maslin et *al.*, 1995).中米（パナマ）海路の閉鎖とインドネシア海路の縮小は，北大西洋における熱塩循環（Thermohaline Circulation；THC）を強化させた．295-282万年前の温暖期に，北大西洋THCは強化されて氷床形成に必要な水蒸気が高緯度へ供給されていた（Bartoli *et al.*, 2005）．ひとたび北半球に氷床が形成され拡大すると，アルベドが増加し長期間にわたって寒冷化を持続されることになる．

　チベット台地が隆起したことによって，インド洋モンスーンの影響は中国中央部や西部へはおよばなくなり，これらの地域では乾燥化が進んだ．その結果，北太平洋中部の海底堆積物の記録では，360-260万年前に輸送されてきた風成塵の量が10倍に増加し，堆積量も急速に増加した（Rea *et al.*, 1998）．さらに，後期鮮新世以降は大気中CO_2濃度の減少（Pagani *et al.*, 2010）および中米海路の閉鎖とインドネシア海路の縮小が原因となった北半球の寒冷化によって，亜寒帯偏西風が強まった．274万年前（MIS G6）には，寒冷気候がさらに強まりグリーンランド，スカンジナビア，北アメリカ大陸などで氷床が同時に発達した．このイベントは「気候クラッシュ」と呼ばれる（Bartoli *et al.*, 2005）．

　古気候プロキシの時間解像度と分析精度があがったと同時に，大気海洋結合モデルの発達により過去の気候変動の再現が可能となったため，より確かな復元と予測が可能になりつつある．前期鮮新世に幅広い帯状として拡大していた暖水プールは，鮮新世〜更新世の寒冷化移行期を通じて赤道方向へ次第に範囲を狭め，南北方向あるいは東西方向のSST勾配が増加した結果，中緯度〜亜寒帯域は寒冷になった（Brierley and Fedorov, 2010）．気候寒冷化とともに海洋の温度躍層は次第に浅くなった（Philander and Fedorov, 2003）．

3.1　北太平洋中-高緯度域における珪藻化石群集

(1) 中緯度域

　北太平洋東部のカリフォルニア沖合では，鮮新世（460-270万年前）に堆積速度が著しく低下し1-2 cm/100年となった（Lyle *et al.*, 2000; Barron *et al.*, 2002）．その原因は珪藻の生産が低下したために，海底堆積物中に珪藻殻が

ほとんど含まれなくなったためである.

東北日本太平洋岸の沖合において回収された4本のDSDP堆積物コアに記録された Td' -SST（℃）によると，後期鮮新世の温暖期300万年前から前期更新世の260-240万年前へ4-8℃の著しい低温化が起こっている（図2.6）．この現象は更新世の始まりを規定する北半球氷河期の出現である．とくにSites 578-580の鮮新世-更新世の境界においてSSTの変動幅が大きくなっている．Sites 578-580では珪藻温暖種 *Azpeitia nodulifera* と *Hemidiscus cuneiformis*，およびSite 578では寒冷種 *Actinocyclus curvatulus* と *Rhizosolenia hebetata* が相対的に多く存在し，Sites 579-580では寒冷種 *Neodenticula seminae* と *Thalassiosira trifulta* などの個体数が相対的に多くなり，Td' 値に著しい影響を与えている．

Site 578の年間SSTのウェーブレット変換解析によれば，360-200万年前の期間において75-25万年の周期変動が卓越している．475万年前，310万年前，250万年前には，地球軌道要素の離心率の周期変動値に相当する12万5000年-9万5000年の周期変動値が検出されている．

Site 579では鮮新世-更新世境界付近の時代に湧昇流の指標種である *Thalassiothrix longissima* の相対存在量（%）が増加している．ウェーブレット変換解析の結果，260-140万年前に顕著な35万年-22万5000年の周期が卓越し，260-200万年前と180-140万年前に離心率の周期に相当する12万5000年の周期値が認められる（Koizumi and Yamamoto, 2013）．200万年前から沿岸湧昇域における高生産の指標である *Chaetoceros* 属の胞子が増加し始め，150万年前以降に珪藻化石群集の主要な構成種群となる（図2.9）．

中期鮮新世の温暖期から鮮新世～更新世の寒冷化移行期へかけて，SSTの激しい周期的変動が生じ，珪藻種の多様化と系統進化が加速されている．

(2) 日本海

日本海においては，後期鮮新世～前期更新世を通じて珪藻化石群集における外洋性海生種が減少して，沿岸性汽水生種が増加するとともに一部の層準では珪藻殻の殻数が激減する（Koizumi, 1975a, 1992）．360万年前から対馬暖流の流入が減少し始め，日本海が閉鎖的になるにつれて珪藻の生産は低下し，

珪藻殻の溶解が起こっている (Koya, 1999MS). さらに 270 万年前には海水準の著しい低下が起こって沿岸性珪藻の産出が増加し始めるが，220 万年前以降は珪藻殻の殻数が著しく減少した.

(3) 高緯度域

　北太平洋高緯度の亜寒帯西部域で回収された ODP Hole 883C 堆積物コアの堆積速度は 270 万年前から 240 万年前にかけて著しく低下する (Shimada et al., 2009). この事件は，Barron (1998) によって報告された高緯度域の寒冷化によって珪藻質堆積物の堆積速度が急減するイベント D に相当する. 一方，北東太平洋の ODP Hole 887A 堆積物コアは過去 310 万年前以降を通じて堆積速度はほぼ一定で，著しい変化は起こっていない. 円心目珪藻の *Coscinodiscus marginatus* と羽状目の *Neodenticula kamtschatica* が後期鮮新世に優占していたが，270 万年前以降は円心目の *Actinocyclus curvatulus* と *A. oculatus*，および羽状目の *N. koizumii* と *N. seminae* が優占種に置き換わっている. この交代は，厳しい寒冷化と水塊の成層状態が強化されたことによる栄養塩の減少が原因であると考えられている (Shimada et al., 2009).

3.2 ヒマラヤ-チベット台地の隆起

　中期中新世 (1400 万年前) にヒマラヤ-チベット台地の隆起が加速され，風化作用が激化した. 後期中新世 (800 万年前) にはアジアモンスーンが形成されて，晩夏には温かい大量の降水が台地の風化作用を促進した. とくに，後期中新世〜前期鮮新世に化学風化作用が顕著になり炭素サイクルに影響を与えた.

　中国レス (黄土) 台地の南方に分布する上部紅色粘土層 (360-260 万年前) とレス-古土壌層 (260 万年前-現在) に記録された帯磁率は夏季モンスーンの，石英粒子は冬季モンスーンのプロキシとして用いられている (Sun et al., 2006). 夏季モンスーンが強まると帯磁率の値が高くなり，冬季モンスーンの勢力が強まると石英粒子の粒径が大きくなることが確認されている. これらのモンスーン・プロキシに基づいて，後期鮮新世以降の東アジアモン

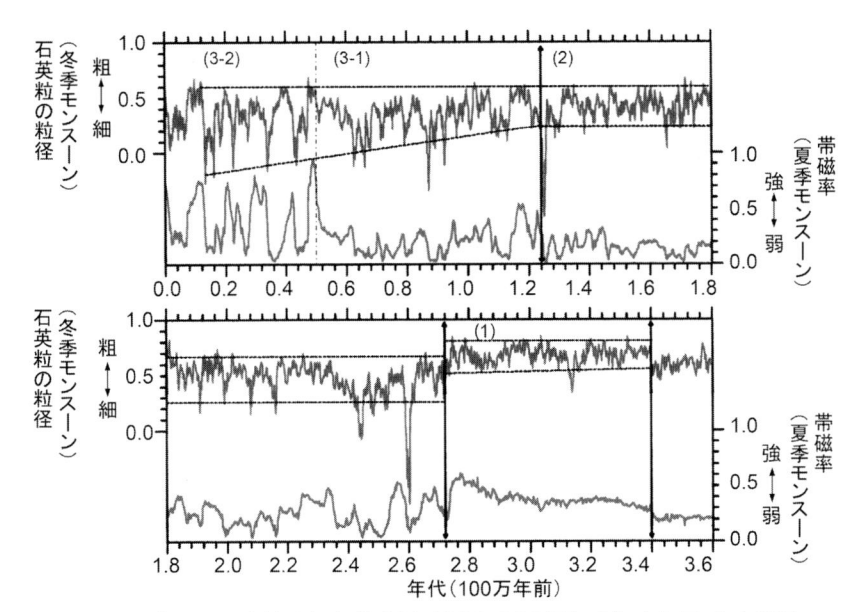

図3.3 中国レス台地の紅色粘土層（360-260万年前）とレス-古土壌層（260万年前-現在）の層序における粒径と帯磁率の変化（Sun et al., 2006）. 点線：氷期-間氷期サイクルにおける冬季モンスーン強度の振幅. 矢印：東アジアモンスーンは冬季と夏季モンスーンの振幅と頻度によって3区分（1-3）される.

スーンの進化は以下のように3つに区分される（図3.3）：(1) 340-271万年前は強い冬季モンスーンが卓越し，夏季モンスーンも徐々に強まる．(2) 272-125万年前に夏季モンスーンは大きく変動しながらゆっくり弱まる．一方，前期更新世の冬季モンスーンは340-271万年前より弱まるが，変動の振幅は大きくなる．東アジアモンスーンの272万年前の変化は紅色粘土からレス-古土壌へと岩相も変化させている．同時期には，主要な北半球氷床の形成が開始されており，高～中緯度間の気候システムが密接に関連していたことが示唆される．(3) 125万年前-現在では，夏季モンスーンの変動が2つに細分される．(3-1) 125-52万年前に夏季モンスーンが弱体化するのに対し，冬季モンスーンは強化された．(3-2) 52万年前以降は発達した氷期-間氷期サイクルに同調して，夏季と冬季のモンスーンは変動の振幅が大きくなり，間氷期には夏季モンスーン，氷期には冬季モンスーンが卓越するようになっ

た．

　モンスーン・プロキシのパワー・スペクトル解析によると，過去340万年を通じて，石英粒子の粒径スペクトルは41万年，22万5000年，10万年，7万5000年，4万1000年，2万3000年と1万9000年の周期性を示し，帯磁率スペクトルは強い18万5000年と弱い2万3000年と1万9000年の周期性を示した．それ以外では石英粒子の粒径スペクトルと同様の周期が卓越していた．340-262万年前の帯磁率に4万1000年と2万3000年のスペクトルが見られないのは，堆積物が化学風化作用を受けたために消失したと考えられている（Sun et al., 2006）．259-126万年前には石英粒子の粒径と帯磁率の両方のスペクトルで，離心率の周期に相当する強い41万年周期が検出されているが，10万年周期は見られない．その前後に10万年周期から分離したと思われる12万年と7万5000年の周期が見られる．124万年前以降には41万年の周期性は存在していない．さらに，帯磁率のスペクトルには2万3000年と1万9000年の歳差周期に相当する周期が検出されていない．結局，東アジアモンスーンの強弱は外部強制力である地球軌道要素（離心率，地軸傾斜角，歳差）の変動によって制御された日射量と内部強制力である氷床量の変動に関連していると考えられた（Sun et al., 2006）．

　北半球の海底堆積物には，乾燥したアジア大陸の内陸部から飛来してきた風成塵が含まれている．風成塵の鉱物組成と量は風成塵の供給域の乾燥度を，塵の粒径は北半球の温度勾配による偏西風の強さを示すプロキシである．北太平洋中央部のODP Sites 885と886の堆積物コアに記録された700-500万年前の風成塵フラックスは20-80 mg/cm^2/kyrで，520-360万年前に減少した後，360-340万年前に突然増加し，300万年前以降は100-140 mg/cm^2/kyrと安定する．これらの変動は北西太平洋中緯度域のDSDP堆積物コアにおけるTd'-SSTによる年間SST（℃）の変動と極めて調和的である（図2.6）．風成塵の粒径は480-380万年前に細粒となった後に粗粒となり，偏西風が強化されたことを示している（Rea et al., 1998）．後期鮮新世の360万年前にチベット台地の北方域が急速に隆起したために，中央と東アジアの盆地は乾燥して東アジアモンスーンが活発化した．その結果，風成塵は供給源に近い中国や北太平洋の縁辺域で急増した（Zheng et al., 2004）．鮮新世〜更新

世の寒冷化移行期に大陸氷床が増加し拡大した後に，寒冷化がさらに進行し，中緯度域の南北方向の温度勾配が強くなって偏西風は強化された．その後，260万年前には氷河環境が発達して第四紀更新世を規定する氷期-間氷期の気候システムが開始されたのである．

3.3 中米（パナマ）海路の閉鎖

アイスランド周辺のODP堆積物コア中の底生と浮遊性有孔虫殻のδ^{18}Oの記録は，後期鮮新世の295-282万年前（MIS G17-G10）にSSTが現在より2-3℃高かったことを示している（Bartoli et al., 2005）．この温暖期が北半球に氷床の形成をもたらす水蒸気を供給する実質的なトリガーとなった．この時の北西太平洋中緯度域でも現在より1-4℃温暖であった（図2.6）．400-300万年前にインドネシア海路が狭くなった（Cane and Molnar, 2001）ため，西方へ流れる赤道表層水が停滞して熱帯から北半球の高緯度域へ運搬される熱が減少し，西赤道太平洋のSSTが上昇した（Mudelsee and Raymo, 2005）．

中米（パナマ）海路が開いている時期には，太平洋の低塩分表層水が中米海路-南カリブ海を経由して北大西洋へ流入し，北大西洋の塩分輸送を弱体化させていた．東赤道太平洋のODP Sites 849と851の堆積物コア，および南カリブ海ODP Site 999堆積物コアに記録された表層塩分プロキシ（カリブ海と東赤道太平洋における浮遊性有孔虫殻δ^{18}Oの較差）によると，カリブ海と太平洋の表層塩分は470-460万年前にわずかな差が生じ，その後の420万年前には0.5‰まで較差が大きくなった．中米海路が完全に閉鎖された250万年前には大西洋と太平洋との塩分較差が現在値の約1‰に達した（Haug et al., 2001）．北大西洋では300-250万年前に極方向へ塩分と熱が運搬され，高緯度域で高密度水が形成されることによってNADWが形成され，THCが強化された．高緯度域への水蒸気輸送が北半球氷床の形成を促し，274万年前（MIS G6）に明瞭な氷期-間氷期サイクルを有する第四紀型の気候が卓越するようになった（Pillans and Naish, 2004）．すなわち，この時期に地軸傾斜角による4万1000年周期の日射量変動が始まり，冷涼な夏がくり返されて冬季の降雪が溶けずにアルベドが増加し「氷室型」地球の環境が整

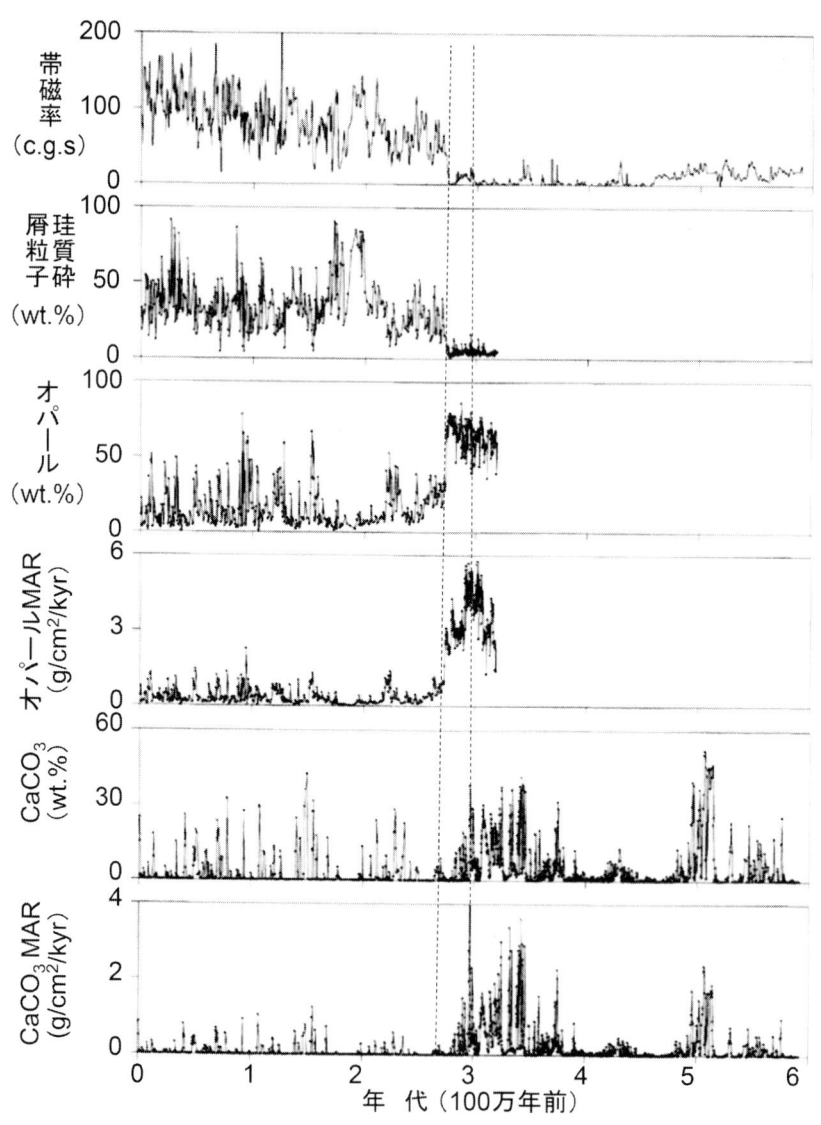

図 3.4 北西太平洋高緯度域 ODP Site 882 の 600 万年前以降における炭酸塩と生物源オパール含有量の変動（Haug et al., 1995）．帯磁率と珪質砕屑粒子（> 2 μ）は陸源性 IRD の流入に由来する．破線は北半球氷河形成の開始時期を示している．

ったのである.

　北西太平洋高緯度域のODP Site 882堆積物コアでは，鮮新世温暖期と更新世間氷期においてCaCO$_3$含有量（％）とMAR（沈積量）は同じパターンで増加している（図3.4）．CaCO$_3$のMARは515-490万年前と380-280万年前に2-4 g/cm^2/kyrまで増加するが，それ以外では極めて少なく0-1 g/cm^2/kyrのレベルである．短期間の周期性が580-515万年前と170万年前-現在の間氷期に顕著に見られる．生物源オパールや有機炭素含有量とMAR変化のパターンもCaCO$_3$のパターンと一致しており，間氷期に生物生産が増加したことを示している．生物源オパールのMARは320-273万年前で高い状態が続き（2-6 g/cm^2/kyr），273万年前でさらにその3-5倍まで急増した後，225万年前まで低下し，210-175万年前ではさらに著しく減少している（0.3 g/cm^2/kyr）．これらの堆積物の組成は中米海路が閉鎖される前の北大西洋由来の栄養塩に富んだ深層水がTHCの終点である北西太平洋で湧昇することによってもたらされたものである（Haug et al., 1995）．活発なTHCは栄養塩に富んだ深層水を湧昇させて，その地域の生物生産を上昇させる．ODP Site 882堆積物コアでは間氷期初期の深層においてCaCO$_3$の溶解が起こっているが，その後に溶解量を上回るほどの生産とMARが増加している．CaCO$_3$の沈積量が多い状態を「大西洋タイプ」と呼ぶ．一方，太平洋中央部ではTHCの活発化に応じて間氷期にCaCO$_3$の溶解が強まり，MARが最低となる．これを「太平洋タイプ」と呼ぶ．295-273万年前のCaCO$_3$と生物源オパール含有量に起こった変化は，北半球氷床の形成開始に関係している（図3.4）．また，275万年前（MIS G5）にIRDの主成分である珪質砕屑粒子と帯磁率が増加していることからもIRDと氷床の拡大が示唆される．

　ODP Leg 145によって，中米海路が徐々に閉鎖されたために，太平洋と大西洋の水塊混合の減少，NADWの形成，THCの強化，北大西洋における温度と蒸発の増加，北半球高緯度域における降水の増加，などが確証されて，後期鮮新世（320-270万年前）に北半球氷床の形成がもたらされたとする「パナマ仮説」（Keigwin, 1982）が検証された.

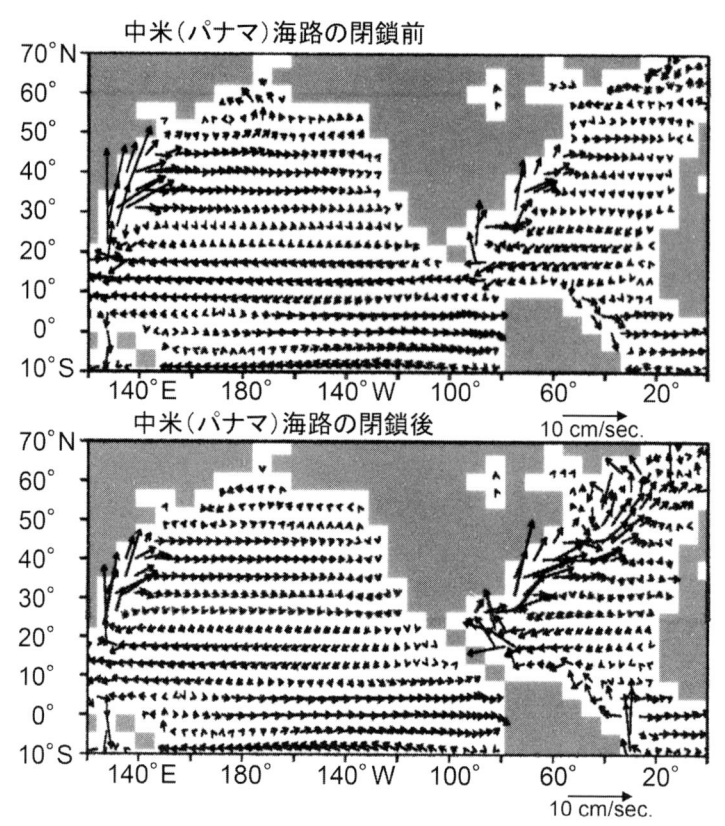

図3.5 中米（パナマ）海路の閉鎖前後の水深170 mにおける海流速度の地理分布（Motoi et al., 2005）.

(1) 海洋循環モデリング

約300万年前の中米海路の閉鎖が北太平洋の気候におよぼした影響について，大気海洋結合モデルを用いて海路の開口時と閉鎖時が比較されている（Motoi et al., 2005；図3.5）. 北緯10°付近に位置する中米海路は太平洋と大西洋の接点であり，そこを起点として両海洋における水塊の流動挙動は相互で反対となる．海路が開いている鮮新世に高塩分の海水が亜熱帯大西洋から北太平洋へ表層水として流入した後，北緯15°で北赤道反流-黒潮-黒潮続流となり，黒潮と黒潮続流は強化される．時計回りに北太平洋亜寒帯域へ流れ，低温の亜寒帯域で海水密度が増加する．海路が開いている時，北太平洋の

THCは北緯30°を北上する熱の80％以上を運搬しており，中緯度域（北緯30-50°）の大気に顕著な熱の影響をおよぼしている．反対に，海路が閉鎖されると，大西洋から太平洋への高塩水の運搬がなくなり，北大西洋高緯度域の表層塩分は北太平洋亜寒帯のそれよりも高くなる．それゆえ，北太平洋北緯50°以北で現在のように顕著な塩分躍層の発達が促される．

　Klocker et al.（2005）は大気海洋結合モデルを用いた中米海路の開閉と軌道要素の変動による強制力との組み合わせに基づいて，北半球高緯度域に雪氷の被覆が持続し拡大される結果を得て，鮮新世の「パナマ仮説」を否定している．しかし，前期鮮新世（500-300万年前）の太平洋に巨大な暖水プールが存在していたことや，南北や東西でSST勾配がほとんどなかったことは考慮されていない．また，鮮新世における地球環境の境界状態と氷床モデルの高分解能ダイナミックスに基づいた大気海洋結合モデルによって，「パナマ仮説」がさらに検証されている（Lunt et al., 2008b）．しかし，この論文においても南北方向のSST勾配の変化がまったく考慮されていない．その結果，中米海路の開閉による氷床発達は4-6 cmの小規模でしかなく，北アメリカ大陸には氷床が形成されなかったとしている．これらのモデル計算では，地殻変動の考察がなされていないために妥当な結果が出されていない．

　全球の気候-海洋-生態系モデルによって，中米海路の閉鎖が海洋循環と生物生産に与えた影響が見積もられている（Schneider and Schmittner, 2006）．中米海路の閉鎖が進行するにつれて，太平洋から大西洋へ栄養塩に富んだ亜表層水の流入が徐々に制限されたために，北大西洋の生物生産は減少した．しかし反対に，東赤道太平洋における生産は著しく増加した．この結果は，古生産プロキシの記録（Haug et al., 2001）と一致している．カリブ海のODP Site 999堆積物コアの記録によると，中米海路が徐々に閉鎖されたことで，北大西洋ではTHCの強化がもたらされた．一方，底層では底生有孔虫殻 $\delta^{13}C$ 値の増加と炭酸塩保存の増加が示されたことから，カリブ海深層水循環が活発になったことが示唆される．しかし，古気候モデルでは270万年前の中米海路の閉鎖によって，北太平洋における珪質堆積物の顕著な堆積速度の低下は再現されていない．データとモデルが不一致になる原因を明らかにすることが今後の課題である．800-600万年前に中米海路が徐々に浅く

なったことは，底生有孔虫殻 $\delta^{13}C$ が大西洋と太平洋で較差が生じ始めたことから示唆される（Keigwin, 1982）．東赤道太平洋と大西洋の表層水交換が制限され始めるのは，カリブ海と東赤道太平洋の浮遊性有孔虫殻 $\delta^{18}O$ 値が現在のようなカリブ海-太平洋の塩分較差が明瞭となる440万年前からである．

(2) 大気循環モデリング

大気循環モデルによって，氷床サイクルと鮮新世～更新世の気候進化にともなう太平洋の南北方向と赤道東西における SST 勾配の変化が再現されている（Brierley and Fedorov, 2010）．鮮新世温暖期から更新世寒冷期への移行期を通じて，巨大な暖水プールの範囲は赤道方向に徐々に狭くなり，それにともなって中緯度や亜熱帯域は寒冷化した．東太平洋では200万年前に現在のような南北方向の SST 勾配が形成され，すこし遅れて赤道に沿う東西の SST 勾配が 200-100 万年前に現在レベルに達した．南北方向の SST 勾配の増加は気温を低下させ，北アメリカ大陸の全域における降雪の増加をもたらした．気温の低下と降雪の増加は氷床形成に直結する．現在のような南北方向と東西の SST 分布の成立は全球の平均気温を約 3.2℃，水温を 0.6℃ 低下させた．モデリングの結果は，北半球氷床の拡大はチベット台地の隆起や中米海路の閉鎖などよりも，400万年前以降の地球気候の全球寒冷化の結果であるとしている．長期にわたる漸移的な地殻変動をモデルにどのように導入するかが問われていると言える．

全球寒冷化は地球表層から黒体としての長波放出の減少と，水蒸気や雲などの放射の変化とのバランスの結果である（Brierley et al., 2009）．南北方向の SST 勾配が強まると，赤道における大気の鉛直対流が増強される．その結果，水蒸気-高層雲量が発達する．高層雲は太陽光を通過させ地表を暖める効果をもっている．一方で，温度が低下する亜熱帯では温度と圧力による容積の変化を引き起こすクラウジウス-クラペイロンの関係によって，水蒸気-雲量が減少して低層雲が発達する（図 3.6）．層雲などの低層雲は太陽光を反射させるので，地表を冷やす効果がある．全球規模の南北方向と東西の SST 勾配の強化は，高層の温暖化雲量を減少させ，低層の寒冷化雲量を増

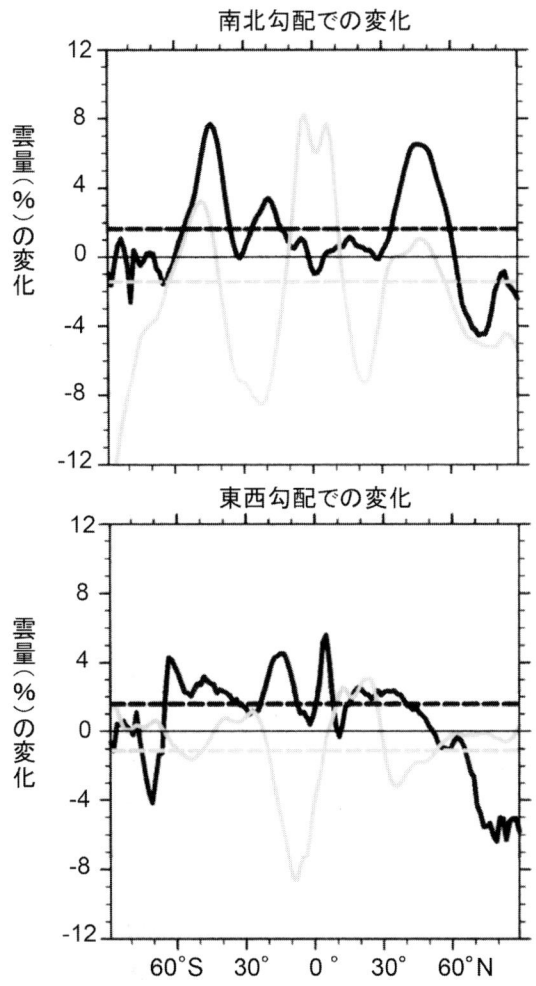

図 3.6 熱帯における南北および東西勾配での表層海水温度の増加による低層雲量（黒線）と高層雲量（灰線）の分布の変化 (Brierley and Fedorov, 2010). 破線は熱帯収束帯を示す．

加させるため，温室フォーシングを弱体化させることになる．さらに，熱帯域における南北方向の大気循環であるハドレー循環の強化は夏季に上空の熱帯ジェット流を強化させ，北緯 30°に沿って高層雲量の形成を阻害し，全球寒冷化を促進させることになる．また，大陸を覆う中～低層雲量の増加は地

3.3 中米（パナマ）海路の閉鎖　69

表に達する太陽の入射量を減少させるので，夏季温度を低下させることが大気海洋結合モデルによって示されている (Brierley and Fedorov, 2010).

3.4　インドネシア海路の漸移的縮小

　インド洋の海洋環境はチベット台地が隆起した影響を強く受けている．後期中新世の 1000-800 万年前に始まったモンスーンは 500 万年前に最盛となった後，320-250 万年前に北東（冬季）モンスーンの増強と南西（夏季）モンスーンの衰退によって，モンスーンの季節性が確立された．

　現在地より 2-3° 南に位置していたオーストラリアとニューギニアは，プレート・テクトニクスによって 500-300 万年前に現在地へ北上し始めた．海洋循環モデルによると，インドネシア海路が狭く浅くなるにつれて，赤道太平洋からインド洋へ流入していたインドネシア通過流は，南太平洋の温かく高塩分の水塊から北太平洋の冷たく低塩分の水塊へ切り替わったことが示されている (Cane and Molnar, 2001). その結果，400-300 万年前にインド洋の SST が低下し，アフリカ大陸東部の降水が減少して乾燥化が進行した．また，赤道太平洋におけるエル・ニーニョ型状態からラ・ニーニャ型状態への変化が熱帯から高緯度域への大気熱輸送を減少させ，全球の寒冷化と大陸氷床の第四紀氷河時代への終局的形成がもたらされた．しかし，具体的なデータの提示はなかった．そのために Karas *et al.* (2009) は，赤道域におけるデータを取り揃えるとともに，DSDP Site 214 堆積物コアにおける 550-200 万年前の浮遊性有孔虫殻の Mg/Ca と $\delta^{18}O$ データを用いて Cane and Molnar (2001) の説を検証した．

　現在の東熱帯インド洋において，表層水はインド-太平洋暖水プールとして，中層には冷たく低塩分の水塊がインドネシア通過流域からインド洋の水深 300-450 m に分布している．さらに，類似の水塊がオーストラリアから地中海水域に広がっている．DSDP Site 214 堆積物コアの浮遊性有孔虫群集が水塊の特徴を示すプロキシとして用いられている．表層種は *Globigerinoides ruber* と *G. sacculifer*, 深層混合層（中層水）種は *Globoquadrina venezuelana*, 深層種の *Globorotalia crassaformis* は温度躍層のプロキシと

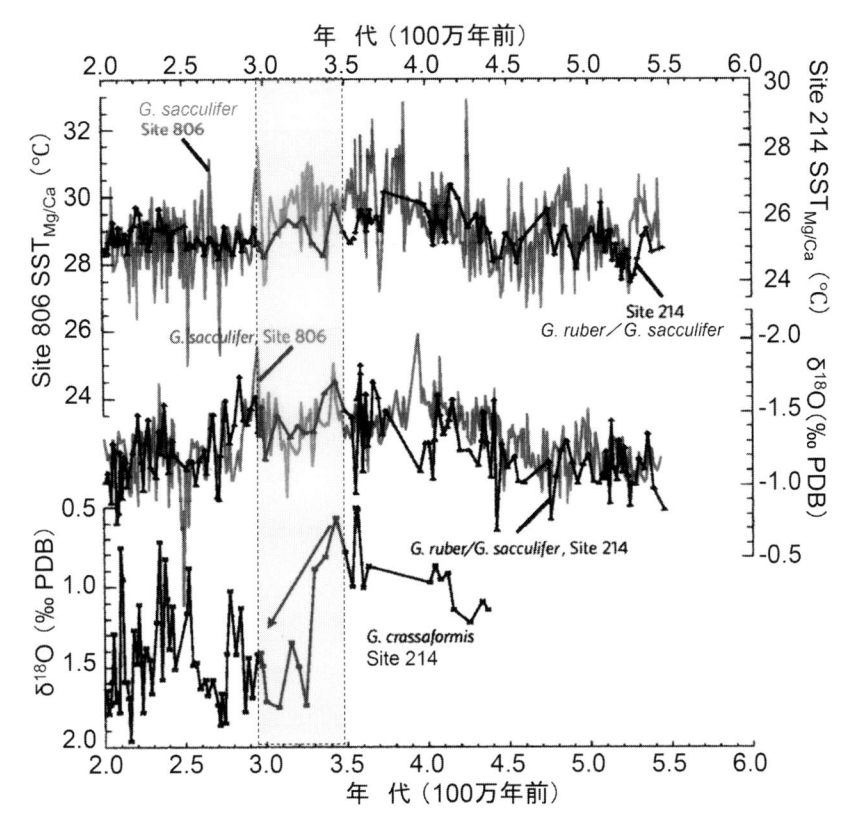

図3.7 Sites 214と806における海水温度のプロキシ記録 (Karas et al., 2009).

しても利用されている．東熱帯インド洋と西赤道太平洋の表層環境 (SST) は550-200万年間を通じて変化がなかった (図3.7)．それゆえ，Cane and Molnar (2001) による「400-300万年前の東熱帯インド洋 SST の低下は西赤道太平洋の表層温暖化や西太平洋暖水プールの開始と同時である」は否定される．しかし，Martin and Scher (2006) によると，350-295万年前の東熱帯インド洋中層水の低塩分化と低温 (約4℃の低下) は，Site 214 の南に位置する Site 757 堆積物コアにおける Nd 同位体の記録からインドネシア通過流の起源水塊が南方から北太平洋へ切り替わったためであるとされている．また，350-295万年前はニューギニアの北上とほぼ同時期であることからも，

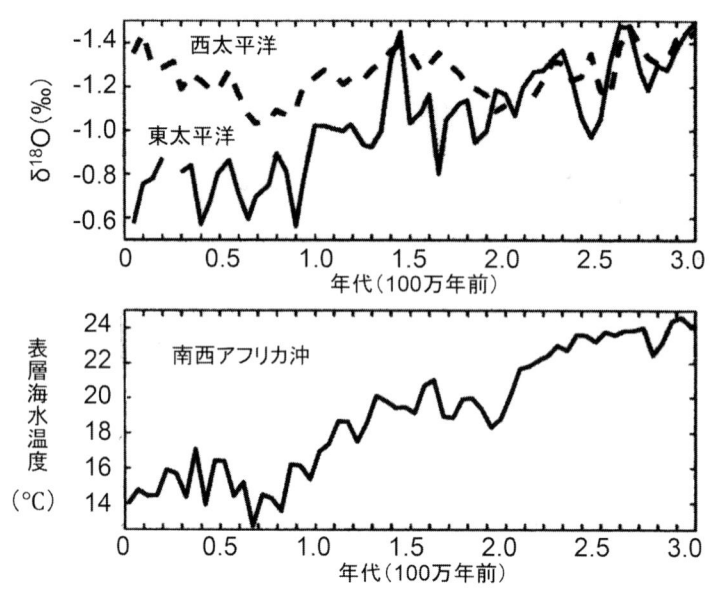

図3.8 300万年前以降の赤道に沿う表層海水温度の変化（Philander and Fedorov, 2003）.

インドネシア通過流の起源が南太平洋から北太平洋に切り替わったことが示唆される．

　Site 214の北に位置するSite 758は現在，南西モンスーンと北東モンスーンの両方の影響を受けている．南西モンスーンは湧昇による生物生産を高める．過去550万年間における生物生産の季節性と生産量のプロキシである底生有孔虫群集の種組成とδ^{18}Oによる氷床量の変動によると，310-250万年前には現在と同じような冬季の北東モンスーンが卓越し，生産性が低下していた（Gupta and Thomas, 2003）．この変化の時期は，中国のレス堆積物に記録された卓越するモンスーン・システムが夏季モンスーンから夏季と冬季の季節性モンスーンへ変化した時期やアフリカ大陸東部の乾燥化の時期と同調しており，北半球氷床の形成と密接に関連していると考えられる．また，310-250万年前の低温化によって生物生産が低下し，海底への有機物フラックスが減少したことが大気中CO_2濃度の減少を引き起こしている（Gupta and Thomas, 2003）．

350-295万年前の東熱帯インド洋において，冷たい中層水が赤道やソマリア沖を経て西インド洋で湧昇することによって，SSTが低下し蒸発が減少した．それによって，アフリカ大陸東部の降水量が減少し乾燥化が進行したのである．360万年前以降に漸移的な低塩化が生じたのは，モンスーン・システムが強化されて降水が増加したためである (Gupta and Thomas, 2003; Zheng et al., 2004; Wara et al., 2005)．350-295万年前に東熱帯インド洋で温度躍層が発達した（図3.7）後に，世界各地において温度躍層の低温化と浅層化，および低温な表層水が出現している．したがって，東熱帯インド洋における温度躍層の発達が引き金となって，世界の海洋循環の変化が引き起こされたとしている (Philander and Fedorov, 2003)．また，亜南極水塊が赤道底層流となって，東赤道太平洋における舌状冷水域の成立を促したとも考えられている (Karas et al., 2009)．

3.5　温度躍層の浅層化

　300-250万年前の北半球において著しい氷床形成が始まり，高緯度域に深層水の形成がもたらされて高緯度地域は寒冷化した．熱帯と亜熱帯〜中緯度域，および赤道域に沿う東西の水温と気圧の勾配が増加することによって，地域的な湧昇域が形成され全球の寒冷化傾向はさらに進行した．温度躍層が形成される水塊の供給源は中緯度域で沈降した低温の表層水である．熱帯太平洋における東西の温度勾配は東で貿易風を強化し，「寒冷水プール」と呼ばれる冷たい湧昇流を増強させ，水温と気圧の勾配は東西で徐々に強まった．この正の大気海洋フィードバックが鮮新世温暖期に弱くなっていた赤道太平洋を東西に横切るウォーカー循環を強化させた．地殻運動によって中米海路は閉鎖され，インドネシア海路は狭く浅くなり，温度躍層は次第に浅くなった．これらの古海洋環境の変動は200万年前に北西太平洋中緯度域において珪藻の生産が時代の進行とともに低下していったことに現れている（図2.9）．

　200-150万年前に赤道太平洋に沿う東西方向のSST勾配は南北方向のSST勾配より幾分おくれて強まったため，鮮新世温暖期には現在の東赤道

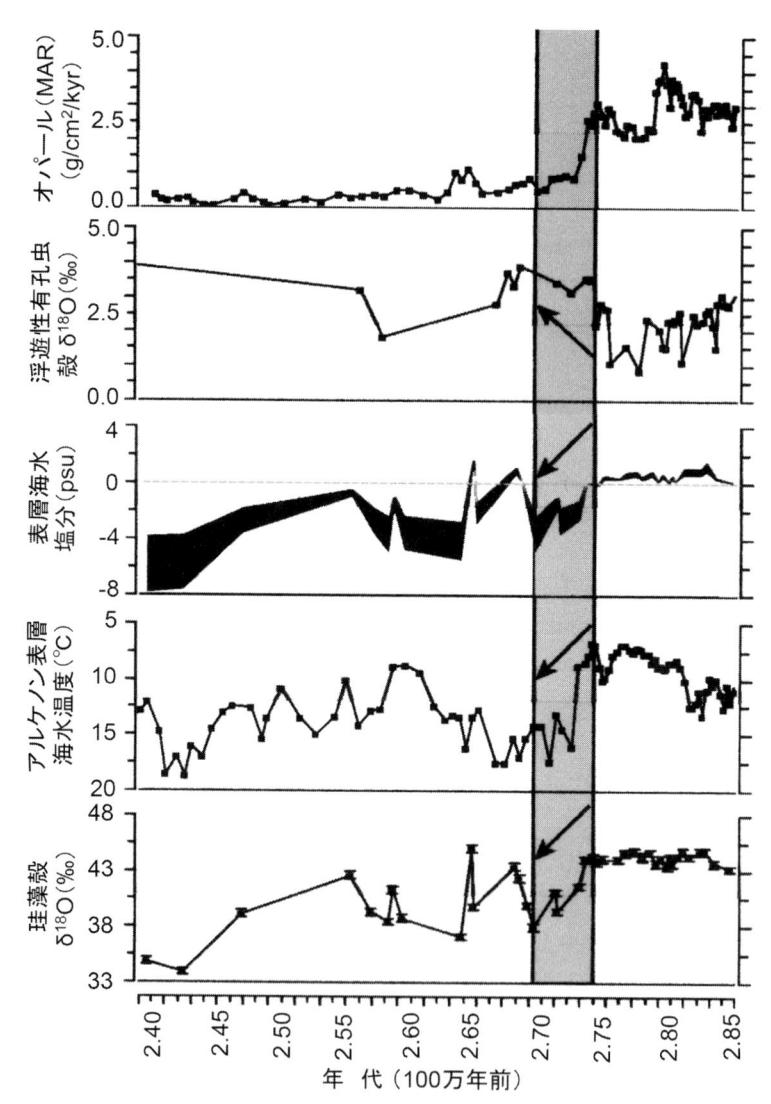

図3.9 273万年前の表層海水塩分を0とした場合の表層海水塩分に対する285-239万年前の珪藻殻 $\delta^{18}O$（‰）（Swann et al., 2006 を改変）．U^{K}_{37}（Haug et al., 2005）と浮遊性有孔虫殻 $\delta^{18}O$（‰）（Maslin et al., 1995）は表層海水温度を示す．ODP Site 882 の堆積物コアにおける273万年前の温暖で低塩分な表層水は，珪藻殻 $\delta^{18}O$，塩分，オパール MAR の減少とアルケノン U^{K}_{37}，浮遊性有孔虫殻 $\delta^{18}O$ の増加（矢印）によって示されている（Swann et al., 2006）．

太平洋を特徴づける冷たい沿岸湧昇域は存在していなかった（図3.8；Ravelo et al., 2004）．現在の沿岸湧昇域において生産されているアルケノンやリン，有機炭素などは鮮新世温暖期の堆積物からも検出されるが，湧昇域の規模と形成機構は現在とまったく異なっている．400万年前の鮮新世温暖期には，世界中の亜表層に温度躍層が発達し，躍層内やそれ以深の冷水塊が風によって亜表層で混合されてから表層へもたらされる湧昇域の形成が始まったが，小規模であった（Dekens et al., 2007）．

全球氷床量とアフリカ大陸西部やインドのモンスーンは，外部強制力である日射フォーシングに応答して著しい変化を起こしている（Philander and Fedorov, 2003）．約300万年前に温度躍層はかなり浅くなって，北半球高緯度域における氷床形成の準備が整えられつつあった．

3.6 塩分躍層の成立

現在，北西太平洋亜寒帯域の水塊は約32.8 psu（実用塩分単位）の表層水で覆われた塩分躍層が水深150-200 mに年間を通して存在する非常に安定した成層状態にある．珪藻殻のδ^{18}O測定から，現在の塩分躍層システムが確立したのは，北半球に氷床が形成され拡大した273万年前であったことが確認されている（Swann et al., 2006）．有孔虫殻のCaCO$_3$存在量が極めて少ない北西太平洋において，珪藻オパール殻のδ^{18}O測定は古海洋研究に必要不可欠であり，実用化が長年待たれていた．北西太平洋の高緯度域に位置するODP Site 882の堆積物コアには，秋～初冬季にブルームとなる大型珪藻の *Coscinodiscus marginatus* と *C. radiatus* の2種が優占種として含まれている．これらの珪藻殻のδ^{18}O値は273万年前に4.6‰減少したが，反対に浮遊性有孔虫殻δ^{18}O値は2.6‰増加していた（図3.9）．

珪藻殻δ^{18}O値と海水温度の対応関係は以下のように検討された．有孔虫の生息最適期は春季の表層水下であり，その殻のδ^{18}O値はその時期の海水温度を反映する．一方，円石藻バイオマーカーのアルケノン$U^{k'}_{37}$値は，273万年前に7℃昇温している（Haug et al., 2005）．このプロキシは秋季のSSTを示すことが分かっている．以上のことから，珪藻殻δ^{18}O以外の手法によ

るSSTの推定値や全球氷床量を示す東太平洋赤道域のODP Site 846堆積物コアにおける底生有孔虫殻δ^{18}Oのデータ（Shackleton et al., 1995b）などから推測される珪藻殻δ^{18}O値の温度係数は，$-0.2‰/℃$から$-0.5‰/℃$の範囲内であることが分かったのである．最近の研究結果（Moschen et al., 2005）によると，珪藻殻δ^{18}O値の温度係数は$-0.2‰/℃$と報告されている（図3.9）．

273万年前の北西太平洋亜寒帯域における夏～初冬季の表層環境を珪藻殻δ^{18}O値とアルケノン$U^{k'}_{37}$値から見積もると，2-4 psuの著しい低塩化とSST上昇を示している．現在の北西太平洋亜寒帯域の塩分躍層より上層の温かく低塩の表層水には，珪藻や円石藻が生息している．もし塩分躍層システムがなければ，珪藻殻δ^{18}Oとアルケノン$U^{k'}_{37}$には塩分変化がほとんどない寒冷化傾向のみが記録されていることになる．この273万年前に成立した塩分躍層が水塊の成層構造の発達を促し，秋～冬季を通じて温かいSSTが保持されることによって発生する水蒸気が北アメリカ大陸の北方へ供給されたことによって，北アメリカ大陸の氷床拡大が強まったと考えられる（Haug et al., 2005）．一方，276-274万年前（MIS G8-G7）に中米海路が完全に閉鎖されたことによって，北大西洋でガルフ流が強化されて温暖な高塩分水が高緯度域まで運ばれてTHCが強化された（図3.10）．

3.7 大気中CO_2濃度の減少

鮮新世の赤道に発達していた巨大な暖水プールによって，亜熱帯や中緯度域は現在よりも平均3-6℃温暖であった（図2.1）．このような気候状態は新生代初期にも存在していた（Lear et al., 2000; Zachos et al., 2001）．しかし，鮮新世よりも大気中のCO_2濃度が高かったために，氷期-間氷期サイクルをともなう氷河時代が始まらなかったとの説（Nathan and Leckie, 2009）がある．鮮新世から更新世への移行期（350-250万年前）は，北半球に氷床が発達し始めて，氷河時代の到来となる地球環境の激変の時代であった．大気と海洋の循環構造と変動が重要な環境要因として作用した結果である．

IPCCの第4次報告書（2007）と第5次報告書（2013）は，現在の割合で化

石燃料を燃焼し続ければ，90年以内に大気中のCO_2濃度は産業革命前の2倍の560 ppmになり，全球の年平均気温は約3℃上昇するとしている．この予測は，産業革命以降の主として化石燃料の燃焼によって，産業革命前の大気中CO_2濃度の280 ppmから現在の380 ppmに増加したことに基づいた複数の気候モデルの計算による見積もりである．さらに，大気中CO_2濃度と気温の上昇は，陸上生態系の構造と機能を変化させ，それらの陸上生態系がエネルギーの流れ，水の蒸発，温室効果ガスの濃度，全球炭素サイクル，などに著しい影響をおよぼすとしている．しかし，これらの変動要因は50年程度の測器による観測データに基づく結果であり，時空間的に大きなスケールの環境（気候）変動とフィードバックが考慮されていない（Pagani et al., 2010）．第5次報告書の結論においても地質学的データが考慮されていないので，第4次報告書（2007）とほとんど同様な結論である．気候モデルによる未来の環境予測は，測器による観測データのみでは完全とは言えない．しかし，氷床コアの記録から得られた過去の大気中CO_2濃度のデータは，約40万年前までさかのぼっている（Petit et al., 1999; EPICA community members, 2004）ので，もっと積極的に取り入れて考慮すべきである．

　海底堆積物中の粒子状有機物の$\delta^{13}C$は，後期鮮新世（330-300万年前）に大気中CO_2濃度が産業革命前の280 ppmより約35%多い380 ppmであったことを示している（Raymo et al., 1996）．316-312万年前の鮮新世温暖期でも現在より45 ppmの増加である．現在より3-4℃温暖であった鮮新世の大気CO_2濃度が産業革命前の2倍の560 ppmであったとするDowsett et al.（1992）の説とは異なる結果である．比較的少量のCO_2濃度の増加にもかかわらず，高緯度域では著しい温暖化が起きていた．北半球高緯度域におけるODPの6つの地点（北太平洋のSites 806, 882, 1012, 1208と北大西洋のSites 925, 982）から回収された海底堆積物コアに保存されたアルケノン化合物の分子レベル炭素同位体比（$\delta^{13}C_{37:2}$）を利用した大気中CO_2濃度が測定されている（Pagani et al., 2010）．浮遊性有孔虫殻の$\delta^{13}C$を当時の海水の溶存CO_2の$\delta^{13}C$とし，それとアルケノン$U^{k'}_{37}$から求められたSSTも利用している．前期鮮新世（500-400万年前）の大気中CO_2濃度は地点ごとに異なっているが，390-280 ppmの範囲内にあり500万年前から50万年前へ

全体を通じて大気中 CO_2 濃度は徐々に減少傾向にある．450 万年前に産業革命前の 280 ppm より 90-125 ppm 高い 365-415 ppm であり，現在値の 380 ppm に類似していた．つまり 450 万年前の全球温暖化は，大気中 CO_2 濃度としては少ない上昇で生じていたことになる．この結果から，IPCC 第 4 次報告書（2007）や第 5 次報告書（2013）で述べられた大気中 CO_2 濃度の上昇に対する気候感度は過小評価されていると言える．

　陸上の地質学的データとしては以下のような事実もある．陸上植物の葉の気孔は，光合成と呼吸を行うためのガス交換や水分調節の機能をもっている．したがって，気孔パラメータ（密度と大きさ）と大気中 CO_2 濃度は逆の関係になっている．大気中 CO_2 濃度が産業革命前の 270 ppm から 360 ppm へ増加した過去 200 年間にヨーロッパの温帯森林樹木と灌木種の気孔密度は約 40％減少している（Kürschner et al., 1996）．また，ドイツとオランダから産出したコナラ属の葉化石の記録によると，過去 1000 万年を通じて温暖〜亜熱帯気候では気孔密度が低く，寒冷気候では気孔密度が高くなっている．

　現在における環境要素の境界条件で大気海洋結合モデルと氷床モデルを使用して，グリーンランドの温度と降水を再現した結果（Lunt et al., 2008a）では，後期鮮新世から前期更新世の移行期における大気中 CO_2 濃度の減少によって 1.3℃の全球寒冷化がもたらされ，グリーンランドに冷涼な夏季をもたらしたことが示されている．地表からの蒸発が減少したために，降水はグリーンランド全域で減少したが，冷涼な夏季の温度は氷床の溶解や水力による削摩を減少させ，冬季の雪氷累積を維持したとされている．

3.8　地球軌道フォーシング

　北半球氷床の形成速度からすると，ヒマラヤ-チベット台地の隆起や中米海路の閉鎖などの地殻変動は気候変動に影響をおよぼすには速度がおそすぎる．それゆえ，地殻変動は地球規模の気候状態を臨界状態まで追い込んだが，北半球氷床の形成と拡大は地球軌道要素の比較的急速な変化による日射量変動がトリガーであったとする説（Maslin et al., 1995, 1998）がある．北大西洋の Sites 607 と 609（Ruddiman et al., 1987），熱帯大西洋 Site 659（Tiedermann

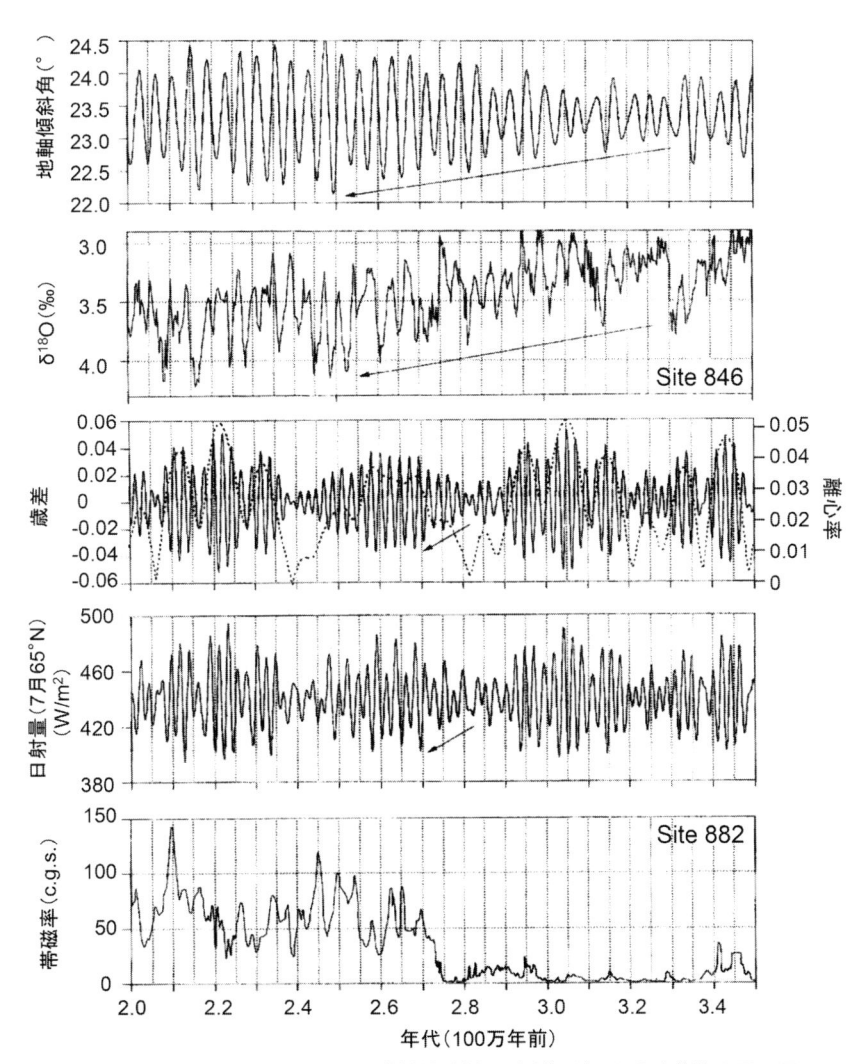

図 3.10 鮮新世の地球軌道要素（地軸傾斜角，歳差）がもたらす北緯 65°の日射量，東赤道太平洋 Site 846 の底生有孔虫殻 $\delta^{18}O$，北西太平洋 Site 882 の帯磁率との比較（Maslin et al., 1995）．矢印は鮮新世～更新世寒冷化移行期における変化を示す．

3.8 地球軌道フォーシング 79

et al., 1994), 赤道太平洋 Site 846 (Shackleton *et al.*, 1995b) などに記録された鮮新世の気候変動によると, 地軸傾斜角の周期に相当する 4 万 1000 年周期が卓越している. 離心率の 10 万年周期は 90-80 万年前より古い時代では弱い. 地軸傾斜角は 350-250 万年前を通じて徐々に大きくなり 250-210 万年前に最高値に達している (図 3.10). 地軸傾斜角の漸移的な増加は東赤道太平洋の Site 846 における底生有孔虫殻 $\delta^{18}O$ の変動にも現れている. 冷涼な夏季が雪と氷を徐々に蓄積し続け, ひとたび臨界量に達すると雪氷は夏季に残存し, 次の冬季に拡大することが可能となり永久的な氷床となるのである. 鮮新世における歳差フォーシングの振幅は地軸傾斜角のように漸移的な長期変動ではない. しかし, 40 万年周期をもち, 日射量に影響を与える. 290-280 万年前の歳差周期は著しく小さくなり, 日射量の低下をもたらしている (図 3.10). その後の 280-270 万年前に歳差周期の振幅は大きくなり日射量が増加して, 気温差を増大させている. このことが地軸傾斜角の振幅が徐々に大きくなることと合わさって, 275 万年前に北極と北東アジアにおいて永久的な氷床形成がもたらされ, その後に拡大したのである (Maslin *et al.*, 1995).

　275-255 万年前の北半球 (グリーンランド) 氷床の形成について, 比較的単純な古気候モデルで大気中 CO_2 濃度を線形的に減少させ, 鮮新世と現在との地形の差異をなくし, 地球軌道要素で規制された日射量のみを変化させた計算が行われている (Lunt *et al.*, 2008a). ただし, このモデルでは, 太平洋の南北方向や赤道東西での SST 勾配の変動は考慮されていない. 320-240 万年前における北半球の氷床形成とその後の急速な拡大は, 日射量の振幅が大きな 290 万年前, 275-245 万年前, 235-210 万年前に起こっている. 地殻変動だけでは, 気候変動の移行期における全球氷床量の変化や氷期-間氷期サイクルの強化とメカニズムを説明できない. 漸移的な長期間にわたって変動した北半球の環境要素を 300 万年前に氷床拡大の臨界状態に持ち込んだ後, 275-255 万年前に北半球を氷期-間氷期の気候レジュームに急速に移行させたのは地球軌道要素によると結論される.

コラム5——アフリカ大陸南西沖のベンガル湧昇域

　地球の気候は新生代を通じて徐々に寒冷化してきた．寒冷化は地域の気候に影響をおよぼし，全球的な大気-海洋相互作用を変動させる．海盆の東端に沿って冷たい栄養塩に富んだ中〜深層水が表層へ湧昇し，生物生産と全球炭素サイクルに重要な大陸縁辺域における多様なエコ・システムを生成している．したがって，湧昇域における海盆規模の気候と沿岸生産に関わるメカニズムを理解することは，全球の温暖化傾向における湧昇システムの重要性を評価することになる．湧昇域における詳細な生産プロキシや全球炭素サイクルの変化に関する研究，さらに鮮新世〜更新世寒冷化移行期における温度躍層の浅化と寒冷化を引き起こしたメカニズムの研究が近未来の気候予測のために重要である．

　世界の二大湧昇域の1つであるアフリカ大陸南西沖のベンガル湧昇域では，水深200mから冷たい富栄養水が湧昇して，南大西洋中央にある低生産の外洋水と混合して沖合へ拡大している．南大西洋ジャイヤの東境界流であるベンガル流が形成するこの湧昇システムは，生物ポンプとCO_2放出によって大気-海洋炭素システムの働きを増大させ，陸上の降水と蒸発量を制御してアフリカ大陸南部の気候を調整している．この湧昇域に位置するODP Site 1084堆積物コアは，鮮新世〜更新世移行期における寒冷化気候と北半球氷床の拡大にともなって現在まで10℃低下したことを記録している（Marlow et al., 2000）．有機炭素の沈積量，珪藻殻数，湧昇プロキシ珪藻種などの増加は，寒冷化傾向と一致している．

　500万年前以降のベンガル湧昇システムは次の5段階に区分される（図）．

　Ⅰ（460-320万年前）：平均26℃の温暖期で現在より8℃温暖である．410万年前と370万年前の寒冷期は南極氷床の拡大期，320万年前の寒冷期は北半球氷床の形成開始に対応している．

　Ⅱ（320-220万年前）：漸移的な長期寒冷期で，主要な寒冷化の280万年前と250万年前に2℃低下した．珪藻群集は南極〜亜南極（南方海）珪藻種群の移流を示している．富栄養水の湧昇による現地性浮遊性種が増加し，珪藻殻数が最大となる．南方海種群のみによる *Thalassiothrix antarctica* マットが形成されている．*Tx. antarctica* マットは亜熱帯収束帯が沈

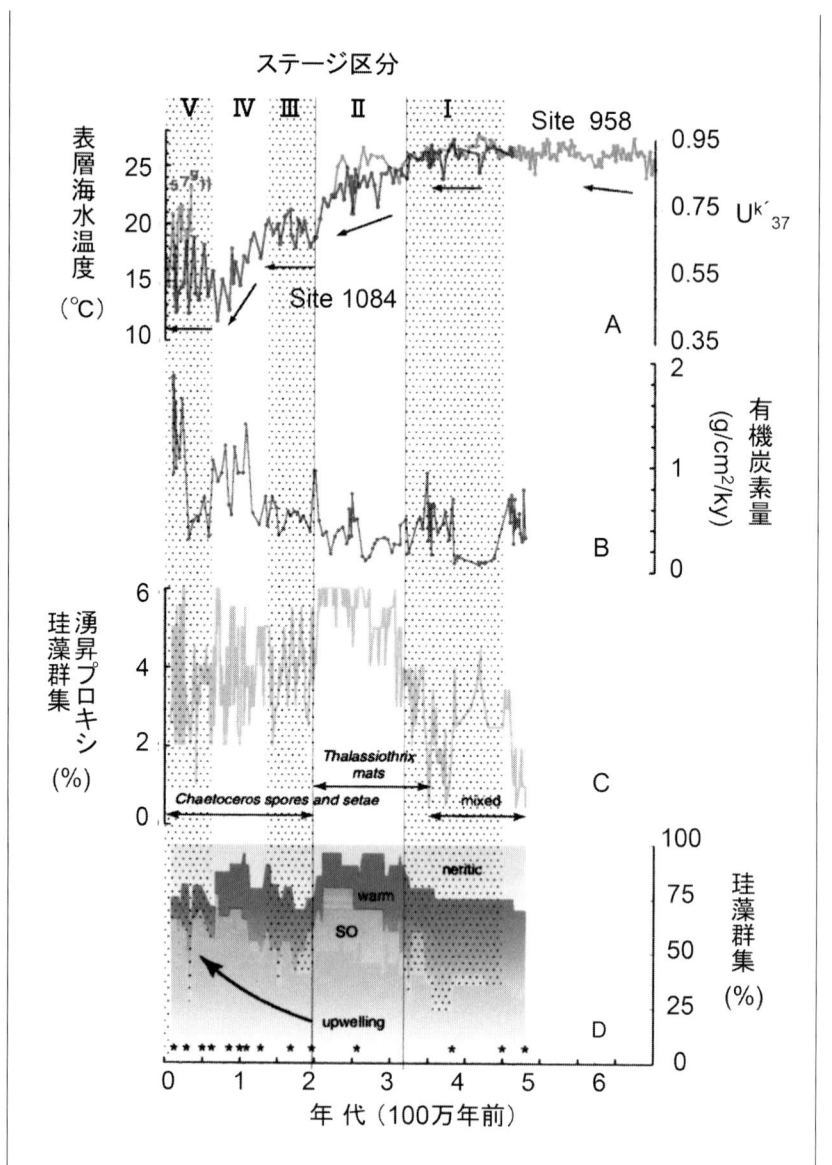

図 アフリカ大陸南西沖ベンガル湧昇域におけるODP Site 1084の古海洋環境の変動史(Marlow et al., 2000). SO：南方海珪藻種群. 星印：年代モデル.

降する南極中層水の前線帯で生成される．中米海路の閉鎖後に北大西洋深層水の供給が増加し，珪藻群集が増加した．200-190万年前に氷床拡大が激しくなって2-3℃低下し生産性が増加した．

Ⅲ（200-140万年前）：地軸傾斜角（4万1000年周期）による氷床量の振幅が増大した．

Ⅳ（140-60万年前）：表層海水温度の著しい低下（気候クラッシュ）が起こった．その後，全球氷床量は氷期に拡大するようになった．

Ⅴ（60-10万年前）：氷期-間氷期の10万年周期に類似した5-7℃の表層海水温度の周期性が起こっている．

第4章

更新世氷河期

　第四紀更新世は，北半球中緯度の北方域に大陸氷床が広く発達した最も新しい地質時代である．更新世氷河期の特徴は，底生有孔虫殻 $\delta^{18}O$ 値と氷漂岩屑（Ice Rafted Debris；IRD）量が増加することに現れている．主要な寒冷化気候の事件が北半球中緯度域で260万年（280-240万年）前に起こったことによって，第四紀更新世の開始期として定められている（Head et al., 2008）．310-250万年前に軌道周期の振幅が増加して，北半球にくり返し寒冷な夏季をもたらし冬季に雪氷の累積を促した（図2.1）．270万年前に著しい北半球氷河化が起こる条件が整ってしきい値を超えるまで，長期間にわたる北半球氷河化の傾向は短期間の寒冷化と温暖化をともなっていた（図3.1）．強い氷河化が250万年前の MIS 100-98-96 に起こっている（図4.1）．晩夏の表層海水温度は発達した成層構造によって，たとえ冬季の水温が寒冷であっても北極域に氷雪を累積するために必要な湿気を供給した（Haug et al., 2005）．

　底生有孔虫殻 $\delta^{18}O$ の変動曲線は，地球軌道要素の地軸傾斜角と歳差が制御する日射量と季節分布の変化に対する多くの気候システム要素の複雑な相互作用の結果である（Lisiecki and Raymo, 2007）．275万年前に底生有孔虫殻 $\delta^{18}O$ 値が高い値（寒冷化）を示したことから，この時代が北半球氷床形成の開始として記録されている（図4.1）．140万年前までの $\delta^{18}O$ 変動は地軸傾斜角の周期（4万1000年）に対応しており，氷床拡大に対して線形的に反応して変化していた．しかし，氷床の拡大によって間氷期が短くなる140万年前以降は，$\delta^{18}O$ の変動曲線は非対称な鋸歯状となった．90万年前には

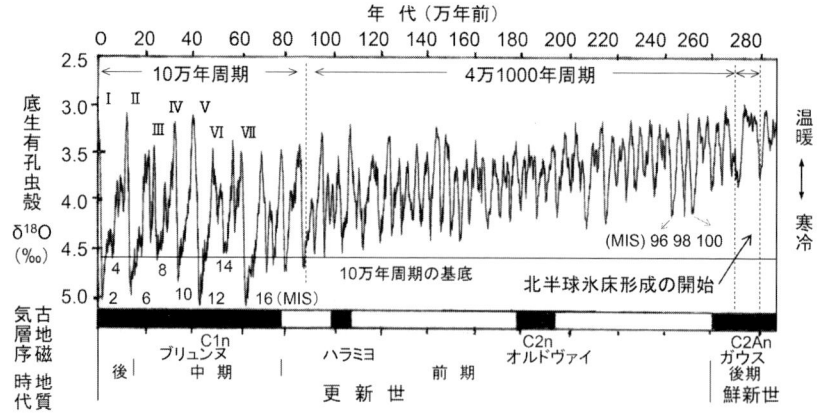

図 4.1 全球に分布している 57 地点の底生有孔虫殻の酸素同位体比（$δ^{18}O$）を北緯 65°，6 月 21 日の日射量に基づく氷床モデルで調整した底生有孔虫殻 $δ^{18}O$ の LR04 年代モデル (Lisiecki and Raymo, 2005). LR04 年代モデルにおける日射量は地軸傾斜角と歳差に一致している．Ⅰ-Ⅶ：ターミネーション．2-16：主要な酸素同位体ステージ．

離心率に相当する 10 万年周期の気候変動が出現する（図 4.1）．10 万年周期の離心率は歳差運動の振幅が増加することによって調整され，夏季日射量が氷床の削磨を増強して，気候を温暖な間氷期状態へ駆動する．反対に，離心率の調整が 10 万年周期で減少すると，氷床が季節較差を強める地軸傾斜角に反応して拡大し，気候は氷期状態となる．漸移的な全球寒冷化が弱い歳差日射量の最大時と地軸傾斜角の 4 万 1000 年周期とによって充分に拡大した氷河量の最大時には，温暖化気候をもたらす強い正の CO_2 フィードバックが起こっても，氷河が持ちこたえられる状態となったのである．78-13 万年前の中期更新世における長期の寒冷化は，海氷形成の変化，南極大陸における陸上氷床の成長から大陸周縁の海氷発達への切り換え，日射量が徐々に増加することによる氷床の縮小，北アメリカ大陸における氷床基盤岩の浸食作用による氷床の不安定化，などの氷河ダイナミックスが変化した影響を受けたためと考えられる．

$δ^{18}O$ に記録された 10 万年周期は，氷期の $δ^{18}O$ は気候が時間をかけて徐々に寒冷化し，氷期から間氷期に移行する際には急激に温暖化（ターミネーション）が生じることを示している（図 4.1）．軌道要素が誘因となって

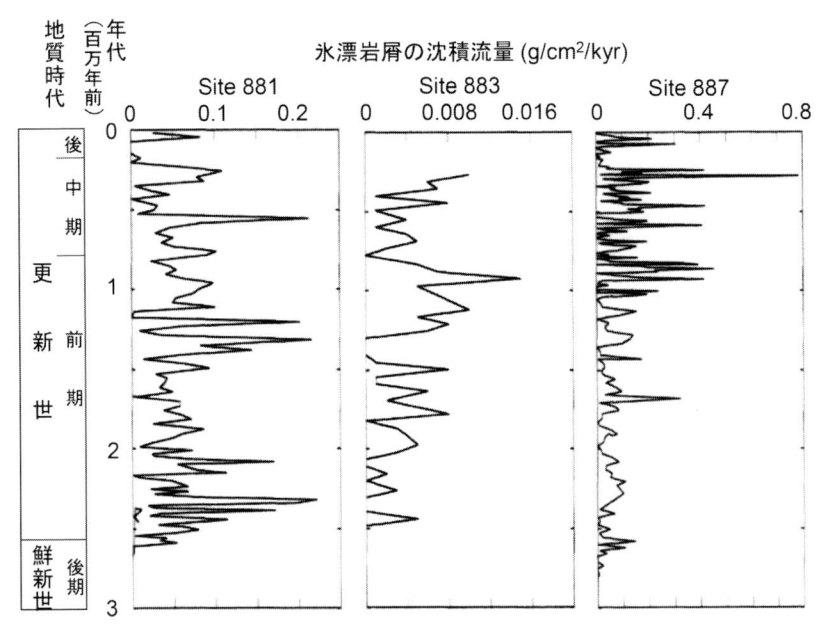

図 4.2　北太平洋高緯度域の第四紀更新世における粗粒砂中の氷漂岩屑（IRD）の沈積流量（g/cm^2/kyr）．千島-カムチャツカ縁辺域の Site 881 では 260 万年前以降に，アラスカ湾の Site 887 では 100 万年前以降に氷漂岩屑が増加している（Krissek, 1995）．

生じた日射量の変動が大気中水分の輸送をある海洋域から他の海域へ変化させ，さらに塩分の変化が大気-海洋システムの最も弱い大西洋コンベアを不安定にして大気-海洋の循環モード（ベルト・コンベア）を切り替えるのである（Broecker and Denton, 1989）．ターミネーションは離心率が大きくなる時期の最初の夏季日射量ピークに対応している．ターミネーションⅠ〜ⅣとⅥの継続期間はほぼ一定の 5800-1 万 700 年であるが，約 40 万年前の V のみは 2 万 9000 年と長い．δ^{18}O 記録の MIS 16 は後期更新世に地球気候が 10 万年周期を示し始める最初の氷期であり，MIS 12, 10, 6, 2 も氷期の典型である（図 4.1）．

　海底堆積物に IRD が含まれるということは，当時の大陸周辺域に海氷や氷山，氷河が存在していた証拠である．北太平洋高緯度域の海底堆積物では 260 万年前に粗粒砂（岩）に含まれる IRD の沈積流量が増加し始める

(Krissek, 1995；図4.2). 北西太平洋の ODP Site 881 堆積物コアに保存されたIRDはユーラシア大陸にあった氷床がオホーツク海から流出したものであるとされる (Rea et al., 1995). 天皇海山列のデトロイト海山に位置するSite 883 堆積物コアの IRD はカムチャツカ半島の山岳氷河由来であるが,輸送量は極めて少ない (McKelvey et al., 1995). アラスカ湾の Site 887 堆積物コアに含まれる IRD は 450 万年前に形成されたアラスカ半島の氷河由来であり, 100 万年前以降に増加している (図4.2). Sites 881, 883, 887, およびDSDP Sites 579 と 580 の堆積物コアに保存された IRD は, 過去 100 万年を通じて 113-109 万年前, 93-92 万年前, 79-76 万年前, 69-68 万年前, 56-55 万年前, 32-31 万年前, 29-27 万年前, 5-2 万年前の 8 層準において増加していた (Krissek, 1995). さらに, Sites 883 と 887 堆積物コアの帯磁率とドロップ・ストーンが 260 万年前から急増している (Rea et al., 1995). また堆積物の帯磁率の変化は陸源物質の輸送量に依存しているので, IRD の変化と密接に関係している.

　ベーリング海を含めた DSDP Leg 19 の堆積物コアでは, IRD が常に存在するようになる時代は 260 万年前であり, この時代が珪藻化石層序の *Neodenticula kamtschatica-N. koizumii* 帯と *N. koizumii* 帯の境界に相当することが早くから知られていた (Rea and Schrader, 1985).

　北大西洋では IRD が 350-240 万年前に同期して段階状に増加していることから氷床形成が環北極域でほぼ同時に始まり, 徐々に拡大したことを示している (Kleiven et al., 2002). ノルウェー海では 330 万年前の MIS M2 にIRD の最初の顕著な増加があり, グリーンランド氷床の著しい拡大を示唆する. アイスランドでは 305 万年前 (MIS G22) に氷床の拡大が起こり, とくに 270 万年前 (G6-G4) に顕著になっている (Kleiven et al., 2002). 北アメリカ大陸のローレンタイド氷床は 240 万年前に拡大が最大限にまで達していたことが分かっている (Balco et al., 2005). ベーリング海のバウワーズ海嶺では 380 万年前の古い時代から IRD が堆積物に保存されており, 270 万年前以降ではドロップ・ストーンが存在するようになった (Takahashi et al., 2011). IRD の地域的出現の時期は全球氷河量の反映である $\delta^{18}O$ 記録の主要な変動傾向と一致している.

4.1 風成塵（黄砂）

　中国内陸部のタクラマカン砂漠や黄土高原などの乾燥〜半乾燥地域から偏西風によって北太平洋に運搬される風成塵は，春先の砂嵐が地表の砂を巻き上げたものが主に冬季季節風によって輸送される黄砂である．風成塵のフラックスは供給源の大陸における乾燥度を示すプロキシであり，氷期最盛期には間氷期の亜氷期より3-5倍多い塵量が運搬されている（Rea, 1994）．粒径サイズは風の強さのプロキシであり，10万年周期の氷期-間氷期サイクルや乾燥度の周期変動よりも，歳差（1万9000年と2万3000年），地軸傾斜角（4万1000年），および3万年の周期で変動している．第四紀の風成塵フラックスと粒径の周期変動は，地球軌道要素の変化によるミランコビッチ・サイクルの影響を受けている（Sun et al., 2006）．

　風成塵の細粒物質が地表に堆積したものをレス（黄土）と呼ぶ．レスは主に第四紀に形成された陸成堆積物であり，植生のない冷涼で乾燥した場所において形成される．レスは温暖で湿潤な気候と植生による土壌化作用を受けて形成される古土壌層と互層している．中国北方域では，260万年前に広範囲におよぶレス-古土壌層序の堆積が砂漠の著しい拡大をともなって突然に始まっている．この原因は，東アジア冬季モンスーンの強化と夏季モンスーンの弱体化の結果であると考えられている（Ding et al., 2005）．チベット南方台地の高原におけるレス-古土壌堆積の開始は，北半球氷床の発達とシベリア高気圧セルの強化による強い乾燥がきっかけとなっている（Ruddiman and Kutzbach, 1989）．

　日本海の隠岐堆ODP Site 798堆積物コアでは，風成塵プロキシである石英粒子の堆積速度は250万年前に急増する．この時代は中国においてレスが堆積し始める時期である．石英粒子の堆積速度は，寒冷で乾燥した氷期と温暖で湿潤な間氷期のサイクル間を周期的に変化し，大気循環の強弱とアジア大陸における乾燥度を反映している（Dersch and Stein, 1994）．Site 798（北大和海盆）における石英粒子の堆積速度は，250万年前に0.3 g/cm^2/kyrから0.6 g/cm^2/kyrに増加した後，120-100万年前の短期間にさらに1.2 g/cm^2/kyrに増加する．80万年前に最高の2.4 g/cm^2/kyrとなった後，50万

年前から現在へ向かって減少している．隠岐堆〜秋田沖から採取された海底堆積物中の黄砂粒径と含有量から過去14万年間の詳細なアジアモンスーンと偏西風の変動が復元されている（長島ら，2004）．黄砂の粒径中央値と含有量は，氷期に粒径が大きく含有量が増加し，間氷期に粒径が小さく含有量が減少する．氷期中に存在する1000年周期の寒冷-温暖変動においても同じような変動パターンが見られる．すなわち，氷期の中の寒冷期である亜氷期に粒径が大きく含有量が増加し，氷期中の温暖期に相当する亜間氷期にその逆となっている．つまり，グリーンランド氷床コアGRIPの$\delta^{18}O$変動に存在する1000年程度の周期性をもった温暖-寒冷変動のダンスガード・オシュガー（Dansgaard Oeschger；D-O）サイクル（4.6節）と同調した変動を示すのである．この結果から，氷期と亜氷期に夏季モンスーンが弱体化し，間氷期と亜間氷期で夏季モンスーンが強化されたか，あるいは偏西風の強弱が可能性として存在することが指摘された．

4.2 千島-カムチャツカ弧の火山活動

北緯50-60°の高緯度域に位置しているカムチャツカ半島は270万年前に巨大噴火を起こした世界最大の鮮新世〜更新世の島弧火山である（Cao et al., 1995）．北西太平洋高緯度域の千島-カムチャツカ弧に近いODP Sites 882と883の堆積物コアでは過去267-250万年間を通じて，火山灰層が急増する5回のイベントが見つかっている．アラスカ湾のODP Site 887堆積物コアでも，267-240万年前に火山灰層が急増する8層準が見つかっている（Prueher and Rea, 1998）．以上のことから，北半球における氷床形成の開始と同時期に千島-カムチャツカ弧の火山活動が活発化している可能性がある．火山噴火によって成層圏へ噴き上げられた噴煙や水蒸気，亜硫酸ガス，硫化水素などの大量の微粒子（エアロゾル）は，太陽放射を周辺の空間へ散乱反射させ，地表面に到達する日射量を減少させて，寒冷化気候を引き起こしたと考えられる．事実，大噴火の2-5年後に世界の大気温度は3-5℃寒冷化している（Rampino and Self, 1992）．火山活動によって炭酸ガスも放出されるが，その量は大気中CO_2の全球サイクル量と比較すると少量であり，気候への影響

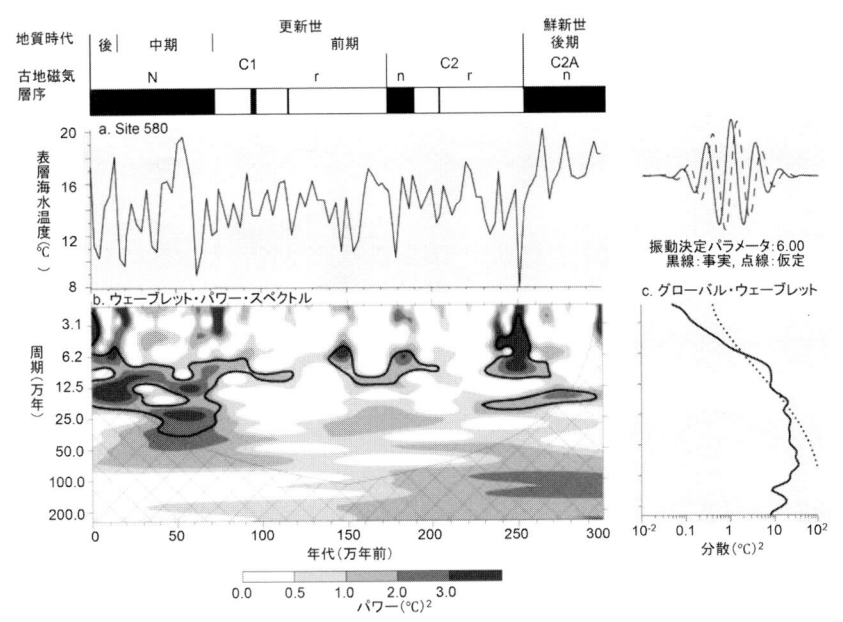

図 4.3 DSDP Site 580 における過去 300 万年間の年間表層海水温度（℃）のウェーブレット変換解析（山本浩文氏による）．Torrence and Compo (1998) のウェーブレット・ソフトウェアを使用．

はほとんどないとされている．

　グリーンランド氷床コアの記録によると，火山噴火に由来する酸性層準と全球寒冷化の時期とが一致している（Zielinski *et al.*, 1994）．火山噴火による寒冷化の効果が最低 4 年間継続すると，正のフィードバックが働いて 100 年程度の期間の寒冷化気候が生じている（Zielinski *et al.*, 1996）．

4.3 珪藻化石群集による更新世の古海洋解析

　北半球において氷床が形成され拡大した経過は，北西太平洋中緯度域の DSDP Sites 578-580 堆積物コアの更新統にも反映されている（図 2.6）．とくに亜熱帯水と亜寒帯水の混合水域に位置する Site 579，および亜熱帯と亜寒帯水域の移行水域の Site 580 における珪藻温度指数 Td' による年間 SST（℃）の変動は顕著である．更新世開始時の 260 万年前に急激な海水温度の

低下が起こった後，各地点とも寒暖の激しい振幅を示し，220万年前の温暖期，180-150万年前の寒冷期-温暖期-寒冷期のくり返し，60万年前の寒冷期，55万年前の温暖期，40万年前以降の寒暖の激しいくり返しが認められる．

　Site 580の年間SST（℃）は優勢な約10万年周期の寒暖変動を示している（図4.3）．顕著な寒暖変動の主な事件は，(1) 266万年前の20.2℃から252万年前の7.9℃へ12.3℃も急激に低下している．(2) 184万年前の16.5℃から180万年前の10.2℃へ6.3℃低下した後，164万年前の17.1℃へ6.1℃上昇し，155万年前の10.7℃へ6.4℃低下している．松山逆磁極期中のオルドバイ正磁極サブクロン（クロンC2n）は国際規約による2008年以前の第四紀の基底であったので，それなりの寒冷化気候が起こっていた．(3) 63万年前の8.9℃から55万年前の19.6℃へ10.7℃上昇した後，40万年前に10.7℃へ8.9℃低下している．過去50万年間の北大西洋亜極海域においても，気候変動は1000年スケールの大きな振幅で激しく変動している（McManus et al., 1999）．過去5回の氷期サイクルの各々で底生有孔虫殻δ^{18}O値がしきい値の3.5‰を超えると，表層海水温度1-2℃の振幅が4-6℃に増加し，IRDは産出頻度の少ない短期間と大規模な産出頻度をくり返している．40万年前付近の全球気候変動は地球軌道の離心率周期によって駆動された結果であり，ブリューヌ中期事件（Mid-Brunhes Event；MBE）と呼ばれる（Jansen et al., 1986）．北半球は氷期状態であったが，南半球では間氷期状態であったと言われる（Kunz-Pirrung et al., 2002）．MIS 11を含むMBEは更新世における最も長期の温暖な間氷期である．過去50万年間における最大の海水準変動はMIS 12で起こった現在より139±11 mの海水準低下（Rohling et al., 1998）からMIS 11の20 mの上昇である（Kindler and Hearty, 2000）．(4) 21万年前の9.6℃から15万年前の18.1℃へ8.5℃上昇した後，6万年前の10.2℃へ低下している．

　Site 580の年間SST（℃）のウェーブレット変換解析によると，255-235万年前には地軸傾斜角の5万4000年-2万9000年周期，190-175万年前と155-140万年前では5万4000年-4万1000年周期が卓越し，90万年前以降では地球軌道離心率の12万3000年-9万5000年周期が卓越している（図4.3）．底生有孔虫殻δ^{18}Oの変動にも同じような周期性が見られる（Lisiecki and

Raymo, 2005). 気候歳差に相当する2万3000年周期は300万年前以降にも認められるが, とくに80万年前以降に卓越するようになる.

日本海では, 北半球中-高緯度域に氷床が形成され始めた270万年前に海水準が低下して海生沿岸性の珪藻種群が増加し始める. 浅い海峡で外洋とつながっている日本海は, 氷床の拡大や縮小にともなう汎世界的な海水準変動を増幅して受けるので, 海水準変動のモニターになり得る (Oba et al., 1991; 松井ら, 1998). 大和海盆北端に位置するODP Site 797堆積物コアでは, 東シナ海沿岸水の指標種である汽水生珪藻種 Paralia sulcata が210-50万年前に増加し, 秋田沖のSite 794堆積物コアでも210万年前と150-140万年前に相対存在量が増加する. さらに, 170万年前を中心とした210-150万年前では珪藻殻数が著しく減少する. 日本海盆の北端に位置するSite 795堆積物コアの珪藻化石群集は, 沿岸性種と再堆積した種群が180-70万年前に存在するのみである. これらのことから, 270万年前に始まった全球的な寒冷化と低塩化は, 日本海において200-140万年前まで断続的に継続していたことが分かる. ODP Site 797の更新世堆積物は有機物量の変化を反映した明暗色の縞状構造を呈している. 200万年前以降の珪藻殻数の変動は, 底生有孔虫殻の標準的な $\delta^{18}O$ 曲線に類似した周期的な鋸歯状の変動を示し, 160-100万年前, 100-50万年前, 50万年前〜現在へ徐々に減少している. このことは, 海水準の低下に応答して対馬海峡が狭く浅くなり, 対馬暖流の北上が弱体化したことを示している.

珪藻化石群集における種の相対存在量に対する主成分分析によれば, 第1成分は卓越した寒流系寒冷種の Thalassiosira trifulta, Rhizosolenia hebetata, Actinocyclus curvatulus が優占種である (図4.4). 第2成分は100-50万年前に優占する沿岸性の Diploneis spp., Actinocyclus octonarius, Stephanopyxis turris などである. 第3成分は沿岸性種 Delphineis surirella と生産性に関連した Thalassionema nitzschioides, Thalassiothrix longissima, 第4成分は寒冷種 Coscinodiscus marginatus, 第5成分は浅海生種 Cyclotella striata, Actinoptychus senarius, などであり, いずれも同じような周期変動を示すが, 相互の関係は激しく変化する海況の影響を受けて複雑である.

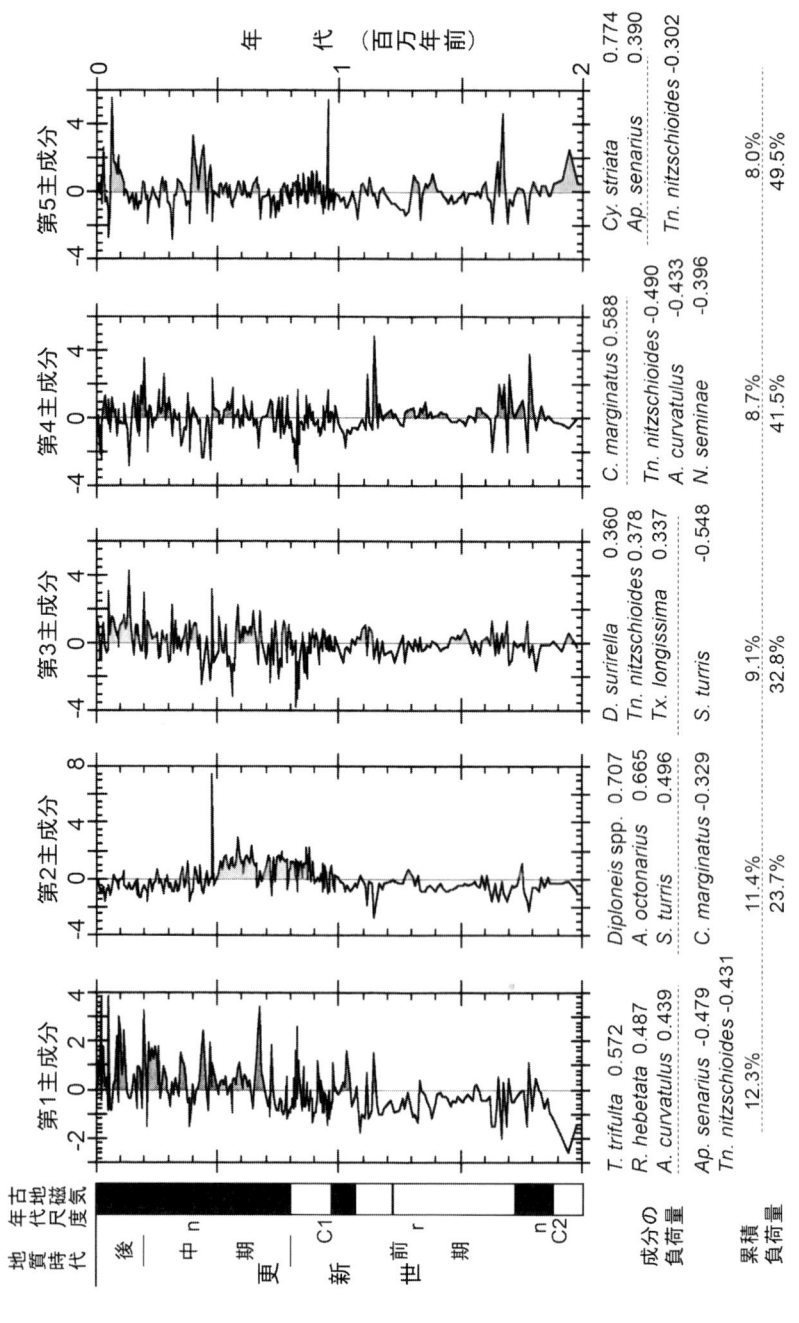

図 4.4 ODP Site 797 の 200 万年前以降における珪藻化石群集の Q-モード主成分分析による各主成分の負荷量（池田明洋氏による）．

4.4 日本周辺海域における最終間氷期〜最終氷期の古海洋環境

　最終間氷期は約13万年前のターミネーションIIから7万4000年前までのMIS 5に相当し，年代の若い順に5aから5eまで5期のサブステージ（亜氷期と亜間氷期）に細分されている（Martinson *et al.*, 1987）．この区分はミランコビッチ・フォーシングに応答した地球が受け取る日射量の変動曲線に底生有孔虫殻 $\delta^{18}O$ の変動曲線を同調させた SPECMAP（Mapping Spectral Variability in Global Climate Project）尺度に基づいている．

(1) 東北日本太平洋側の沖合

　7本のピストン・コアに含まれる珪藻化石群集は相対存在量が10%以下の絶滅種群と25-50%の沿岸〜浅海性種群，他は外洋性種群から構成されている．沿岸〜浅海性種群と外洋性種群の相対存在量は対照的である（Koizumi and Yamamoto, 2008, 2010）．

　① 珪藻殻数：外洋性珪藻種群の殻数は間氷期に多く氷期に少ない．三陸沖において北から貫入する親潮水塊が津軽暖流（コア MR97-04-1），釧路沖暖水渦（コア MR00-05-2），黒潮続流（ODP Hole 1150A）などの水塊と混合する海域において，珪藻の生産性が高いために堆積物に含まれる珪藻殻数も多い．とくに，コア MR97-04-1 では13万5100年前，9万3400年前，4万1200年前で急増している．ODP Hole 1150A の堆積物コアでは8万4500年前，5万2000-4万5000年前，3万6000年前，1万6000-2000年前で急増している．コア MR00-05-2 においても周期的に急増している．

　氷期から間氷期へ海水準が上昇する時期に，寒冷水塊と温暖水塊とが混合することによって珪藻の生産性が増強されている．珪藻殻数は4万1000年（地軸傾斜角）と2万3000年（気候歳差）の周期で変動しており，地球軌道要素の変動によって規制されている（Koizumi and Yamamoto, 2010）．

　② 年間SST（℃）：珪藻温度指数（Td'）から求められた年間SST（℃）は間氷期ないしは亜間氷期 MIS の 5e（イベント5.5），5d と 5c の境界，5a と4の境界，1で上昇している．亜間氷期 MIS 5e における年間SSTは混合水域の南端（北緯36°）で現在値より1.5-3℃高く，北端（北緯40°）では6

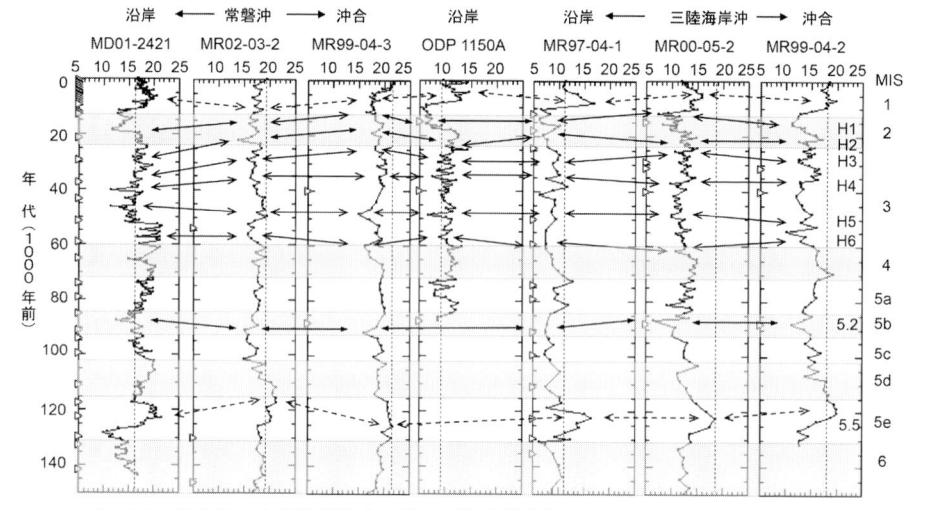

図 4.5 東北日本太平洋側沖合における海底堆積物コアの珪藻温度指数（Td´）による年間表層海水温度（SST）（℃）の変動（Koizumi and Yamamoto, 2010）. 各コアの温暖期は MIS 5e（イベント 5.5）と 1 で対比される（破線矢印）. 著しい低温期は北大西洋北方のハインリッヒ事件 H1-6 と同時期であり，さらに亜氷期 5b のイベント 5.2 においても対比され得る（実線矢印）. 垂直な破線は各地点における現在の年間表層海水温である. 白い三角印は年代値の測定層準を示す.

℃高い. また沿岸域では現在値より 5-6℃, 沖合で 2℃高く, 沖合の方で上昇幅は小さくなっている（図4.5）. 一方, 亜氷期 MIS 5b（イベント 5.2), および亜間氷期 MIS 3 と亜氷期 MIS 2 の 6 層準において年間 SST の著しい低下が起こっている. それらの低温期は, 北大西洋北方域においてローレンタイド氷床やフェノ・スカンディナビア氷床が崩壊して流出した氷山が引き起こした汎世界的に寒冷化が起きたハインリッヒ事件（Heinrich Event）の時期と一致している（Heinrich, 1988; Broecker et al., 1992；4.6 節）.

最終間氷期以降の年間 SST の変動において最も卓越する周期は, 6 万年と 3 万年である. 前者は氷期-間氷期のくり返しによる海水準変動の周期であり（Birchfield and Gurmbine, 1985）, 後者は赤道帯の東西におけるインド-太平洋域の古生産量変動の周期と一致している（Beaufort et al., 2001）. 第二に卓越する変動周期は, 離心率 10 万年と気候歳差 2 万 3000 年の周期である.

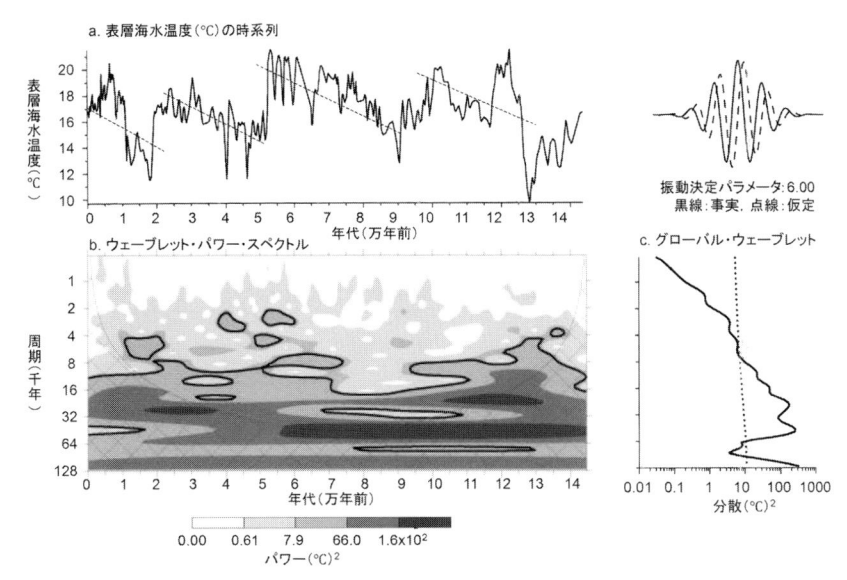

図4.6 鹿島沖コア MD01-2421 における過去14万年間の年間表層海水温度のウェーブレット変換解析 (Koizumi and Yamamoto, 2010). Torrence and Compo (1998) のウェーブレット・ソフトウェアを使用.

　ウェーブレット変換解析によれば，鹿島沖コア MD01-2421 の年間 SST は，過去14万年間を通じて底生有孔虫殻 $\delta^{18}O$ の変動曲線とは逆の鋸歯状を呈して変動している（図4.6）．鹿島沖コアが黒潮の暖流域に位置していることが原因となっていると考えられる．13-10万年前，9万-5万3000年前，5-2万年前，2万年前〜現在などの約3万年の期間において短周期から長周期へ変化している．MIS 5e では年間 SST の変化の振幅が大きく，12万5000年前後では年間 SST が 11℃ 上昇した後，5℃ 低下している．14万-4万5000年前の期間に卓越する4万8000年周期は地軸傾斜角の周期に，14万5000-12万年前に卓越する2万年-2万5000年周期は歳差周期に対応する．6万年-10万8000年周期は14万5000年前以降の氷期-間氷期のくり返しに対応した海水準変動に相当すると考えられる（図4.6）．

　一方，親潮貫入域に位置している八戸沖コア MR97-04-1 における過去15万年間の年間 SST は鋸歯状をした4万年の周期性をもって変動している（図4.7）．冬季アリューシャン低気圧が偏西風を強めて，亜熱帯域と亜寒帯

4.4　日本周辺海域における最終間氷期〜最終氷期の古海洋環境　97

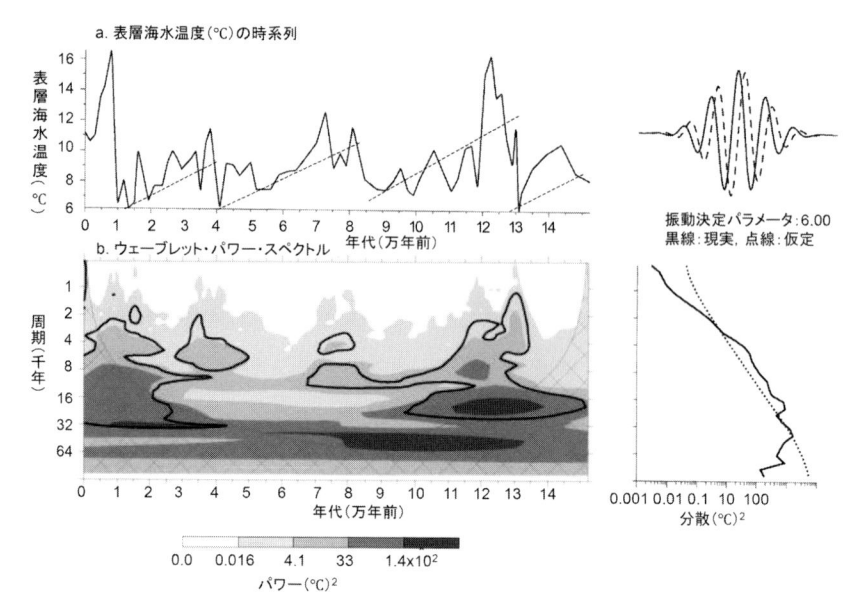

図 4.7 八戸沖コア MR97-04-1 における過去 14 万年間の表層海水温度 (℃) のウェーブレット変換解析 (Koizumi and Yamamoto, 2010). Torrence and Compo (1998) のウェーブレット・ソフトウェアを使用.

域の西部境界流である黒潮と親潮を同時に強化・弱化させたことに原因する. 15 万年前以降においてボンド・サイクル (Bond Cycle) (Bond et al., 1993 ; 4.6 節) に相当する 9 万 6000 年-11 万 2000 年周期と 7200 年-1 万 2800 年周期が認められる. さらに 7 万 5000-10 万 5000 年前と 4 万 4000 年前～現在の期間において ENSO の長期変動期間に相当する 3 万 2000 年周期 (Clement et al., 1999) が認められる. 15 万-11 万 5000 年前と 1 万年前～現在には歳差周期に対応する 1 万 6000 年-2 万 800 年周期が起こっている. 1 万 6000 年と 2 万 6000 年の周期が 13 万 4000-11 万 3000 年前, 8 万 2000-7 万年前, 5 万-2 万 8000 年前, 2 万 5000 年前～現在などの期間に認められる (図 4.7).

(2) 日本海

① 過去 15 万年間を通じて, 南部海域 (隠岐堆) の温暖水域に位置するコア MD01-2407 に記録された珪藻殻数は, 寒冷水域 (大和海盆) の ODP Site 797 堆積物コアの記録よりも約 4 倍多い. コア MD01-2407 の珪藻殻数

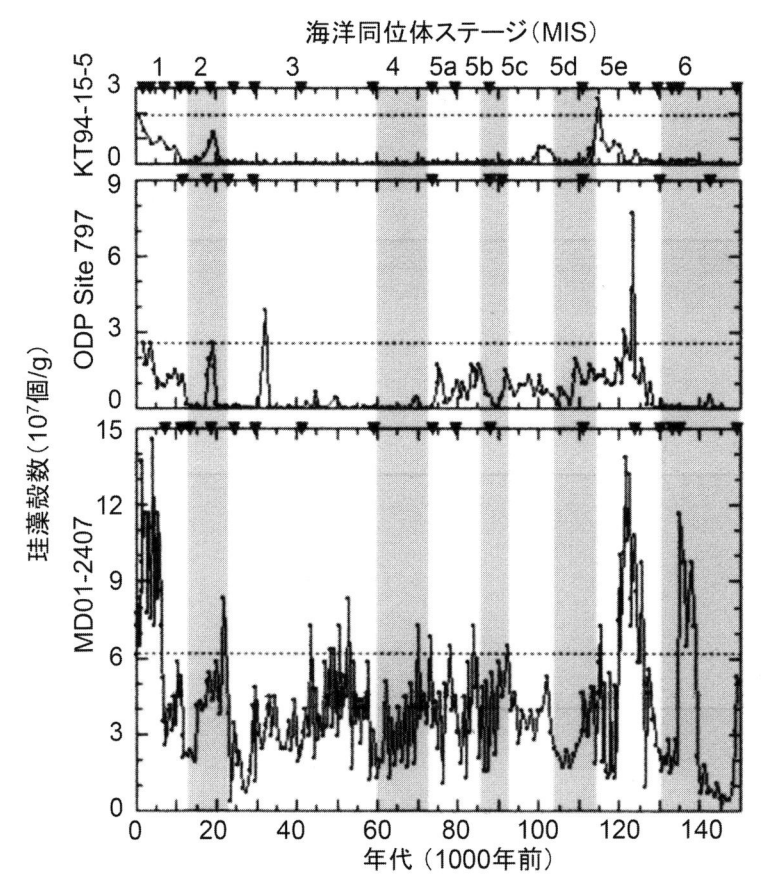

図 4.8 日本海の堆積物コアにおける 15 万年前以降の珪藻殻数（10^7 個/g）(Koizumi and Yamamoto, 2011). 各コアの点線は表層堆積物における珪藻殻数（10^7 個/g），黒三角印は年代値が確定された層準を示す.

は 14 万-13 万 5000 年前の $\delta^{18}O$ イベント MIS 6.3-6.2, 最終間氷期の MIS 5e と現間氷期 MIS 1 において著しく増加している（図 4.8）. それはまた, 氷期-間氷期のくり返しによる海水準変動の 6 万年周期と同調しており, その周期中に 1 万年周期の鋸歯状変動が認められる（Koizumi and Yamamoto, 2011）. 外洋性珪藻種の相対存在量は最終間氷期 MIS 5e と現間氷期で約 40-50%であり，浅海〜沿岸性種の相対存在量が平均 65%を占める. 浅海〜沿岸性種の相対存在量は MIS 5e と 5d, 現間氷期で 50%まで減少する. 絶滅

4.4 日本周辺海域における最終間氷期〜最終氷期の古海洋環境

種はほとんど検出されない．対馬暖流の指標種である*Fragilariopsis doliolus*は MIS 5e と MIS 1 以外の層準にはほとんど出現していない．東シナ海沿岸水の指標種 *Paralia sulcata* の相対存在量は寒冷期の MIS 6, 5d, 4, 3 などで増加し，温暖期の MIS 6, 5e, 5c, 5a, 4, 4-3, 3, 2 などで減少しており，海水準変動と同調している．

　大和海盆の ODP Site 797 堆積物コアにおいて，外洋性種は最終間氷期と現間氷期に多く存在し，最終間氷期の相対存在量は数千年の周期変動を示す．浅海〜沿岸性種は 1 万 2000 年前まで約 5000 年ごとに存在量が多くなる激しい周期変動を示す．絶滅種は寒冷期の 5-4 万年前にのみ多く存在する．この層準では沿岸〜浅海性種と外洋種も同じように多くなるので，これらの種群は海水準低下にともなって周辺陸域から流入した外来種が混入した可能性がある．*P. sulcata* が多く存在する層準は最終間氷期に限定される．

　② 隠岐堆で採取されたコア MD01-2407 に記録された年間 SST（℃）のウェーブレット変換解析は，12 万 5000 年前のターミネーション II と完新世の縄文海進時に黒潮が日本海へ勢いよく流入したことを示している．過去 16 万年間を通じて，6 万 4000 年-3 万 8000 年と 2 万 5600 年-1 万 6000 年の長期の周期成分が認められ，黒潮の影響によるものと考えられる．全体を通じて過去 2 万年間と 4 万年間にそれぞれ 2000 年と 4000 年の周期変動が卓越している．2000 年周期は D-O サイクルの 1800 年周期（Alley, 1998）や大気中の ^{14}C 生成率（‰）の 2000 年周期（Stuiver et al., 1991），ENSO の 2000 年周期（Moy et al., 2002）に対応する．14-10 万年前の期間において歳差の 2 万 3000 年周期が起こっている．ODP Site 797 堆積物コアとコア MD01-2407 の年間 SST は最終間氷期を通じて同じような変動を示している．

(3) 津軽海峡付近

　津軽海峡付近から採取された 5 本のピストン・コアにおける珪藻化石群集に基づいて，過去 3 万年を通じての海況変動が以下のように復元されている（Koizumi et al., 2006）.

　① 3 万-1 万 7500 年前：最終氷期における汎世界的な海水準低下によって，海峡東側（太平洋側）沿岸域の海底堆積物が浸食作用を受けてスランプ堆積

物となった．日本海では低塩水が表層を覆ったために，鉛直混合が弱まり底層水は貧酸素状態となって暗色葉理層 TL3（2万7900-2万5400年前）と TL2（2万3800-1万7000年前）が形成された（図4.9）．

② 1万7500-1万1600年前：最終氷期最寒期から晩氷期への移行期に顕著な寒冷化が訪れ，対馬暖流が弱体化していたために親潮が海峡を通過して日本海へ流入した（Oba et al., 1991）．親潮は表層水より塩分が濃く，水温が低いので海水の相対的密度は大きくなり，活発な鉛直混合が生じた．その結果，深層水に溶存酸素が供給され，海底では有機物の酸化分解が促進されて炭酸塩補償深度（CCD）が浅くなった．津軽海峡の南西側に低塩水が存在し，その下へ北東側から親潮が潜り込む仕組みが Ikeda et al. (1999) によって，流体力学のボックス・モデルで説明された．1万5500-1万4500年前の海峡付近に亜寒帯海氷水〜極水が発達した．1万3000-1万1200年前の新ドリアス寒冷期に東側海域では，珪藻の外洋性寒冷種が増加するが，日本海では寒冷化の証拠は残っていない．海峡東側の海域では新ドリアス寒冷期の前後に温暖気候となって，暗色葉理層が1万5500-1万3000年前と1万1250-1万250年前に発達した．さらに，ベーリング・アレレード期には温暖種 *Thalassiosira leptopus* が増加し，寒冷種が減少した．この層準の葉理層は珪藻殻を大量に含み，生物源オパールの含有量が高い．一般に北西太平洋では寒冷期よりも温暖期で生物源オパールの生産量が高い（Narita et al., 2002）．

③ 1万1600年前：新ドリアス寒冷期が終わって完新世が始まると同時に，黒潮の勢いが強まった．日本海から親潮が後退し対馬暖流が流れ始めた過渡期に，日本海の海洋循環が一時停滞して，海底が還元的になったために有孔虫殻を大量に含む暗色葉理層 TL1（1万1500-1万1000年前）が形成された．

④ 1万1600-8000年前：黒潮の影響を強く受けた東シナ海沿岸水が日本海へ流入して，海水の鉛直循環を復活させた．生物生産量が増加し，還元的な海底環境は酸化的になった．有機物の分解が活発になり，CCDは浅くなった．9500年前の三陸沖では親潮が深層へ潜り込んで混合水域を形成した．

⑤ 8000年前〜現在：汎世界的な海水準上昇にともなって，対馬暖流が日本海を本格的に流れ始めた．その後，対馬暖流は太陽活動に連動した1800

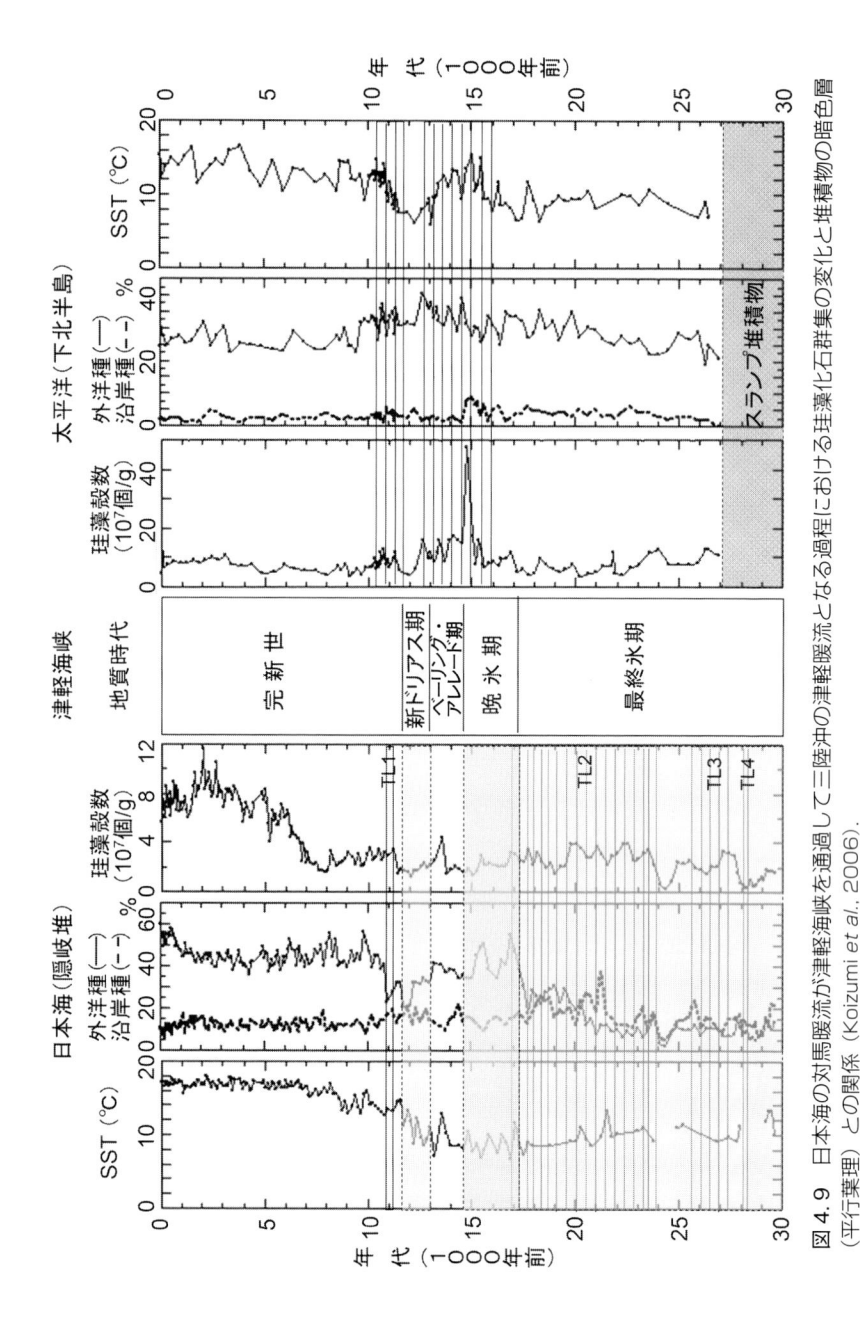

図 4.9 日本海の対馬暖流が津軽海峡を通過して三陸沖の津軽暖流となる過程における珪藻化石群集の変化と堆積物の暗色色層位置（平行葉理）との関係（Koizumi *et al.* 2006）．

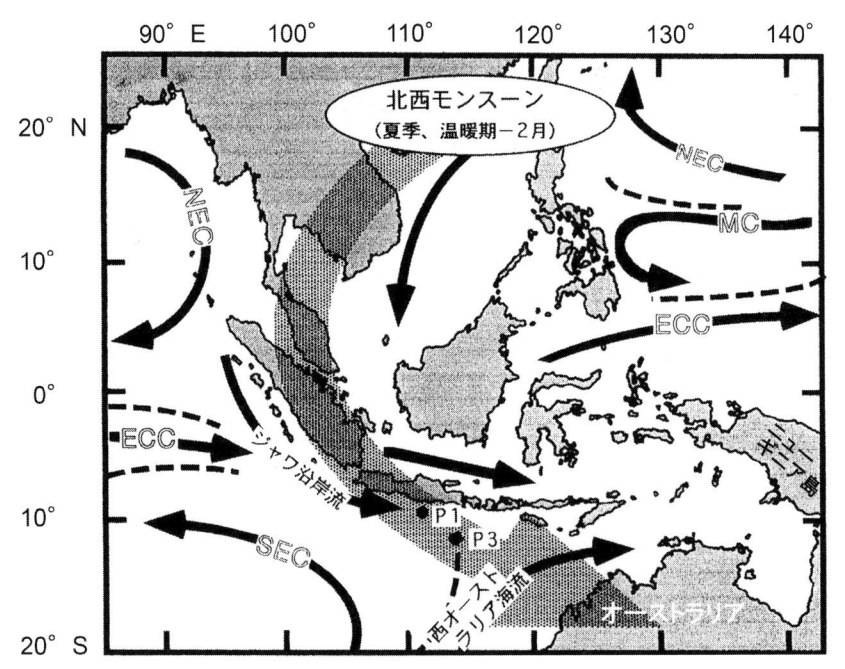

図4.10 夏季北西モンスーン時（2月）におけるジャワ島周辺の海流系と堆積物コア（P1とP3）の位置（Ikeda et al., 1999）．NEC: 北赤道海流．ECC: 赤道反流．SEC: 南赤道海流．MC: ミンダナオ海流．P1 コアはジャワ島沖の前弧海盆，P3 コアはジャワ島南方沖のスンダ海溝インド洋側から採取された（Honza et al., 1987）．

年-1500年周期で脈動している（Koizumi, 1989, 2008）．

4.5 ジャワ島南方沖における第四紀後期の海流変動

　太平洋とインド洋の接点はインドネシア群島域のロンボク海峡とチモール海である（図4.10）．ロンボク海峡の最大水深500 mとチモール海に広がる広大な陸棚の水位差が圧力勾配となって，インドネシア通過流を駆動している．アジアモンスーンと熱塩循環（THC），そしてホモ・サピエンスのハックスリー（ウォレス）線越えを調べるために，ジャワ島南方沖から採取された海底堆積物コア中の珪藻群集が分析されている（Ikeda et al., 1999）．

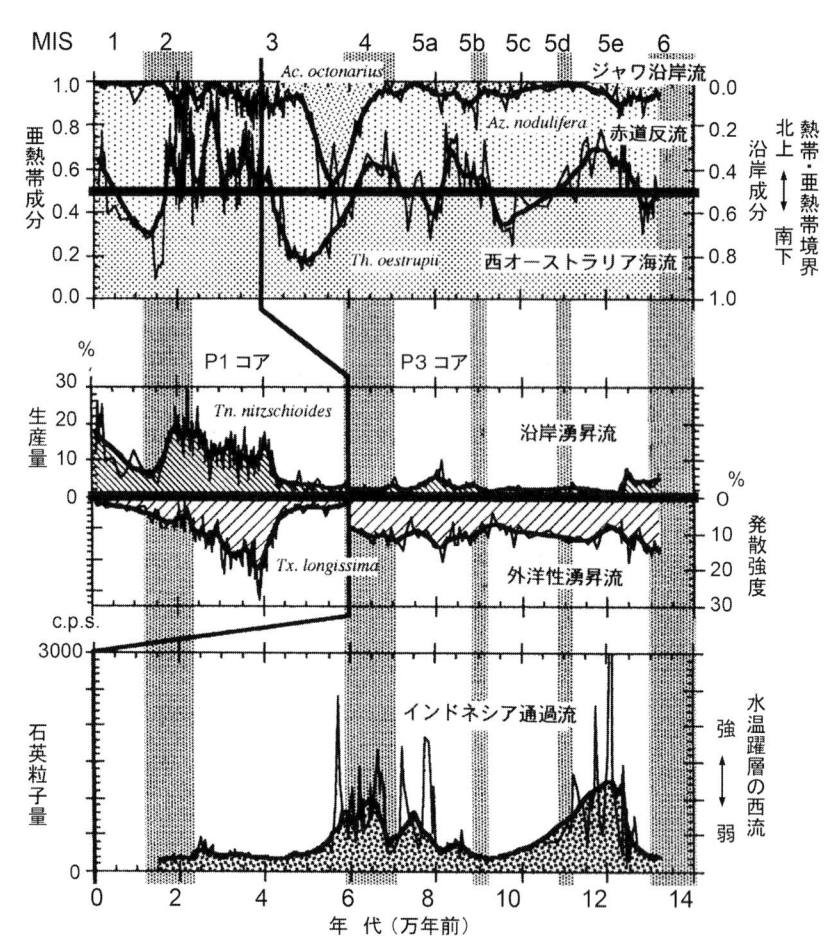

図 4.11 ジャワ島南方沖における第四紀後期の海流変動 (Ikeda et al., 1999).
Actinoptychus octonarius はジャワ沿岸流, *Azpeitia nodulifera* は赤道反流, *Thalassiosira oestrupii* は西オーストラリア海流. *Thalassionema nitzschioides* は沿岸湧昇流, *Thalassiothrix longissima* は外洋性湧昇流の指標種. 石英粒子量はインドネシア通過流の指標である.

図4.11の上段はジャワ沿岸流, 赤道反流, 西オーストラリア海流の強さがそれぞれの海流のプロキシである3種の珪藻指標種 *Actinoptychus octonarius*, *Azpeitia nodulifera*, *Thalassiosira oestrupii* の比率によって表されている. 温暖期から寒冷期へ移行する時期に寒冷な西オーストラリア海流が北

上し，寒冷期から温暖期への移行期には赤道反流が南下する．寒冷化が強まったMIS 3の後半からMIS 2にかけて（3-2万年前），西オーストラリア海流と赤道反流の入れ替わりが激しくなっている．この現象は，北西モンスーンの強化と乾燥化，熱帯収束帯の弱体化と南下の現れであると考えられる．

図4.11中段は，沿岸湧昇流と外洋性湧昇流の強度に対応する指標種 *Thalassionema nitzschioides* と *Thalassiothrix longissima* の相対存在量（％）で表されている．南東モンスーンの冬季，寒冷期に西オーストラリア海流がジャワ島沿岸域まで北上し，さらに転向力によって西流した結果として，中～深層水の湧昇が起こって沿岸湧昇流となっている．一方，北西モンスーンの夏季，温暖期には東流する赤道反流と西流する南赤道海流との境界域でそれぞれが反時計廻りの転向力を受けて，表層水が南北方向に発散するために外洋性の湧昇流が起こっている．

図4.11下段は，インドネシア通過流の強度を石英粒子の量で表した図である．インドネシア通過流は陸源の石英粒子や粘土鉱物などを吸引することが知られている．インドネシア通過流はMIS 3の後半からMIS 2の間に停止ないしは弱体化したようである．最終氷期を通して最も寒冷であった時期は9万2000年前，7万年前，5万5000年前，3万年前，2万年前などの計5回である．

180-160万年前にアフリカを出て，150万年前までに東南アジアにやってきたジャワ原人（ピテカントロプス）はスンダーランドを居住地として，30万年前に旧人のソロ人，15万年前に新人のワジャック人に進化した（馬場，2000）．現代型の新人は，5万5000年前にインドネシア通過流が停止し，ジャワ沿岸流が強化した時期に，動物地理学上の東洋区とオーストラリア区を隔てる境界であるハックスリー線を越えて，スンダーランドから現在のオーストラリアとタスマニア，ニューギニアとその周辺の島々に広がるサフル大陸に拡散していったと考えられる．この時期は最終氷期の海退期であったので島々の間の距離は短くなっていた．それでも最大区間で65-105 km離れた島々を飛び石伝いに，樹皮ボートあるいは竹の筏を使ってジャワ沿岸流に乗って，標高の高い火山島を航海の目標にしながら東に進んでいったのである．

4.6 最終氷期における数百〜数千年スケールの気候変動

10万年周期の氷期-間氷期サイクルにともなう全球平均気温の変動幅は5-6℃である（Marlow et al., 2000）．氷期は北大西洋高緯度域における表層気温と海水温度の低下で始まり，大陸氷床の崩壊 → 巨大氷山の流出と融解 → IRDの堆積と淡水の形成 → 表層水の低塩化 → 北大西洋深層水の沈み込み停止 → 熱塩循環の停止 → 温暖な表層水の流入停止（最寒時）→ 大陸氷床の崩壊停止 → 表層水の高塩化 → 北大西洋深層水の沈み込み再開 → 熱塩循環の再開 → 温暖な表層水の流入再開 → SSTと気温の上昇によって，間氷期が始まる．このように気候変動による氷期-間氷期サイクルと海洋循環は密接に結びついている．

(1) ダンスガード・オシュガー（Dansgaard-Oeschger；D-O）サイクル

最終氷期に形成されたグリーンランド氷床コアのδ^{18}O値は，数百〜数千年スケールでくり返す突然かつ急激な気候変動を示している（Dansgaard et al., 1984; Oeschger et al., 1984）．この変動は数十年以内に生じる急激な温暖化と数千年で徐々に生じる寒冷化として現れ，その後の数千年で急激に寒冷となる現象であり，数百年〜数千間程度の周期性をもつ気候変動である．5‰のδ^{18}Oの振幅を気温に換算すると7℃である（Dansgaard et al., 1993; GRIP Members, 1993）．氷期におけるD-Oサイクルは地球軌道要素の変動によるゆっくりとした気候変動と密接に関係している．D-Oサイクルは氷期と間氷期の間の移行期においてとくに顕著である．

D-Oサイクルは，海洋循環の変動と半球規模で生じている大陸氷床崩壊と風力場の相互作用の結果であるとする説（Wunsch, 2006）がある．風力場は海洋循環や巨大な大陸氷床へ急速な影響を与える全球規模のテレコネクションである．グリーンランド氷床コアのD-Oサイクルには以下のような特徴がある（Hemming, 2004）：(1)δ^{18}O変動は高緯度の地域的な温度変化を現している．(2)周期変動は全球規模である．(3)D-Oサイクルの原因は大西洋子午面反転循環（Atlantic Meridian Overturn Current；AMOC）の変化やメキシコ湾流の弱体化をともなう．(4)グリーンランドから遠く離れた地

域のプロキシに記録された D-O サイクルは地域の気候の影響を大きく受けている．(5)氷床の厚さが3 km に達したグリーンランドと北アメリカ大陸の氷床では氷床と偏西風のフィードバックによる相互作用が D-O サイクルの変動となる．(6)グリーンランドで起こる風成循環のわずかな大気の変化が気温や降水の著しい変化をもたらす．

(2) ハインリッヒ事件（Heinrich Event）

　最終氷期の北大西洋高緯度域における外洋性堆積物中には，大量の IRD を含む堆積層と有孔虫殻を含む堆積層とが7000年-1万数千年ごとにくり返し，数百年間継続して存在している（Heinrich, 1988）．IRD 層は北大西洋高緯度域の広範囲にわたって分布しており，氷山流出事件をハインリッヒ事件と名付け，新しい方から H1, H2 の番号が付けられている（Broecker et al., 1992）．約500±250年ごとに起こったハインリッヒ事件は，大陸氷床の崩壊にともなう海水準の上昇を介して汎世界的な D-O サイクルとして，各地で確認されている．また1000年スケールにおける全球規模の大気-海洋-陸域間で密接に関係した相互作用の記録でもある（図4.12）．Hemming（2004）によると，ハインリッヒ事件の年代は H1：1万6000年前, H2：2万4000年前, H3：約3万1000年前, H4：3万8000年前, H5：4万5000-4万7000年前, H6：約6万±5000年前である．

　IRD の礫種は氷床が発達している基盤岩の岩石類によって，次の3種類に識別されている：(1)ローレンタイド氷床の北部セクターは砕屑性炭酸塩岩片，(2)アイスランド島とローレンタイド氷床東部セクターは玄武岩質ガラス，(3)セントローレンス島起源は赤鉄鉱でコーティングされた粒子，などである（Bond and Lotti, 1995; Fronval et al., 1995）．

　D-O サイクルがいくつか集まって，温度変化の振幅が徐々に弱まる鋸歯状の変動パターン（ボンド・サイクル）を形成し，各ボンド・サイクルはハインリッヒ事件で終了している．すなわち，ハインリッヒ事件は寒冷期の最盛期に起こり，その直後に D-O サイクルの急激な温暖化（ターミネーション）が起こる．

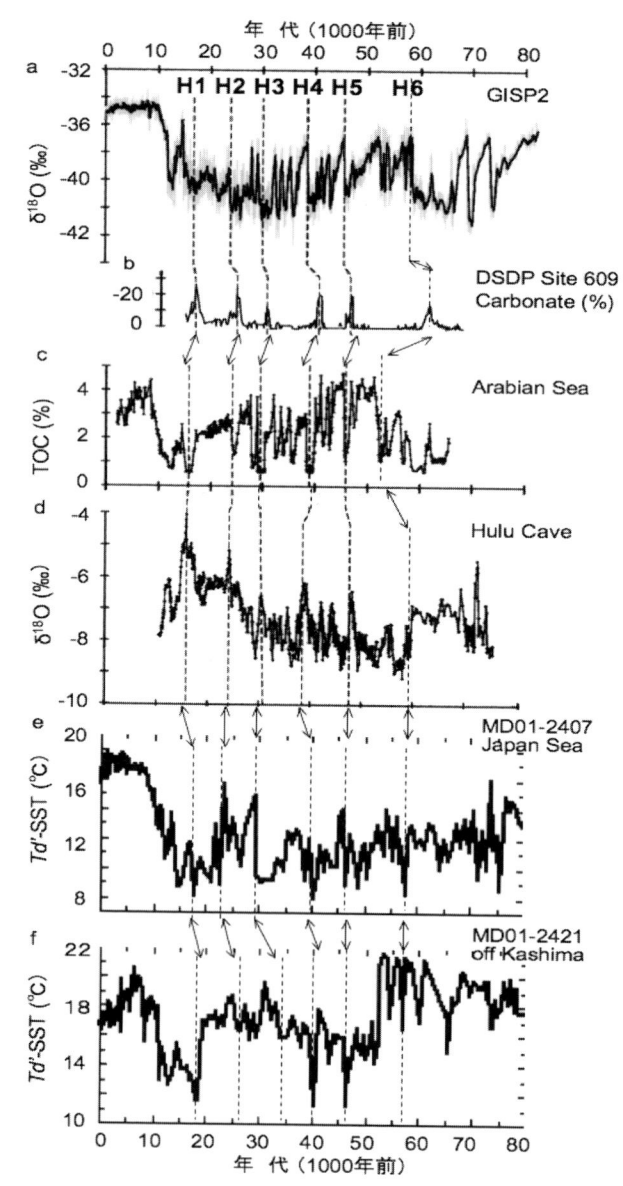

図 4.12　北半球で記録されたハインリッヒ事件の対比（Hemming, 2004 ; Koizumi and Yamamoto, 2010, 2011）．a：グリーンランド氷床コア GISP2．b：北大西洋 DSDP Site 609．c：アラビア海．d：中国，ホゥルゥ洞窟．e：日本海コア MD01-2407．f：鹿島沖コア MD01-2421．

(3) ローレンタイド氷床の崩壊

ローレンタイド氷床は地殻熱流量，氷の熱伝導度と熱拡散度，海抜0 mの気温，などの要因によって約7000年の周期で拡大と縮小をくり返している (MacAyeal, 1993a, 1993b)．氷床は降雪の蓄積によって発達し，気温が低く氷床基底の温度が氷の融点以下であれば，氷結して氷床は流動しない．しかし氷床基底には地熱が供給されているために，氷床が成長するにしたがって氷床基底の温度が上昇し氷の融点以上になると，氷床の基底は融解し基盤岩との摩擦が低下して氷床は流動し崩壊する．

コラム6──西暦年間における大気中 CO_2 濃度の減少

　14世紀以降の小氷期（1300-1900年）のなかで，とくに寒冷化が顕著な17世紀後半を第1小氷期（1500-1700年），18世紀後半（1750-1900年）を第2小氷期とよぶ．これらの寒冷気候期には太陽活動が著しく衰え，火山活動が盛んであった．太陽放射（日射）量と火山活動は10-100年スケールの温度変化において重要な要因である．1350年直後と1500-1750年における大気中の CO_2 濃度の減少は寒冷気候をもたらした．気候悪化によって農作物の収穫が激減して，凶作と飢饉による多数の死亡が起こった．その前の時代の温暖気候（中世温暖期）によって人口は急速に増加して町や村へ流入していた．都市部における急激な人口増加は居住区の衛生状態を貧弱にし高い死亡率をもつ病気が蔓延して，局地から地域を経て汎世界的な範囲へと拡大した経緯が3区分される（図）．

　日本においても，12世紀末から13世紀において毎年のように天候異変が続いて飢饉と疫病が起こった．1225年に鎌倉幕府は鶴岡八幡宮において1200人の僧侶を集めて供養を行い「疫疾災旱」を祈願した．しかし，5年後の1230年には長雨と雷雨による洪水が大飢饉をもたらし餓死者とともに，疱瘡などの疫病が流行した．15世紀半ばには暴風雨，洪水，干ばつ，地震などの異常気象による大飢饉に見舞われた．1461年の京中では餓死者が8万人におよんでいる（寛正の大飢饉）．寛永（1624-1644年）年間にも凶作による飢饉が相次いだ．第2小氷期では，1707年の富士山噴火，1732年の享保の大飢饉，西日本での大虫害，1783年の浅間山の大噴火，1782-1787年の天明の大飢饉，1822年の西国のコレラ流行，1831-1839年の天保の大飢饉などが続出した．

　寒冷気候による農業収穫物の激減（凶作）が飢饉をもたらし，体力減退や衛生状態の劣悪が伝染病を蔓延させて多数の死亡者をもたらした．天候不順と人口の減少が農業生産を中断させて，森林を復活させたのは皮肉なことである．日本では幕府や市場による造林が功を奏したことが特筆される．自然界の気候変動が寒冷化気候へ向かう地球の歴史において，人類が放出し続ける温室効果

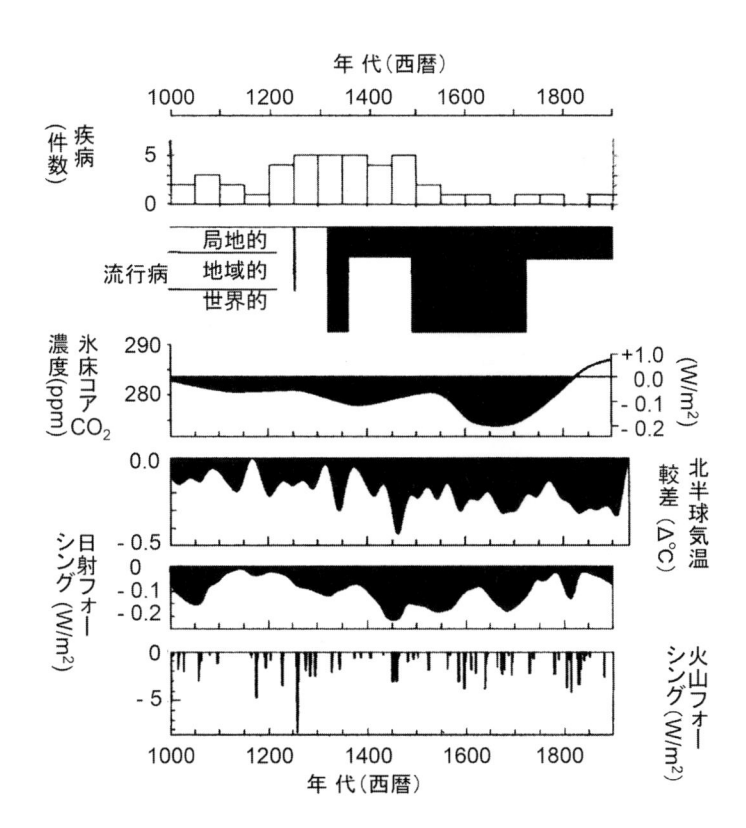

図 西暦1000-1900年における北半球気温変化と疾病（日本），流行病（世界），南極大陸氷床コアの CO_2 濃度，日射フォーシング，火山フォーシングとの比較（小泉，1995；Ruddiman, 2005）．

ガスの大気中濃度が増加の一途をたどっている現在の状況をこのような歴史に学ばないのは愚かなことである．

第5章

過去の気候変動に基づく未来予測

　IPCC 第4次報告書（2007）と第5次報告書（2013）は，次の5万年間には氷期が到来しないで全球の温暖化が進行すると予測している．この予測は太陽フォーシングによる日射量が次の5万年間に減少するにもかかわらず，人類が放出し続ける温室効果ガスの増加がそれに勝るためである．現在の気候状態は10万年周期の氷期と間氷期のくり返しからなっている．この周期変動の原動力は90万年前から始まった北半球高緯度域における夏季日射量の変動がペースメーカーとなっている．現在の間氷期と将来（5000年前～6万年後）に北半球高緯度域が受ける夏季日射量は，この90万年前以降に最も少なく振幅も小さくなっている（図5.1）．これは公転軌道上の地球が太陽に最も近くなる近日点の季節変化が日射量の振幅をもたらすことから，離心率や歳差，地軸傾斜角の地球軌道要素の組み合わせによって，近日点の季節が約2万年で軌道上を1周することに原因している（コラム3）．地球は8900年前の北半球夏季に太陽へ最も接近したので，夏季日射量が7%増加し冬季日射量は7%減少した．それゆえ，地質年代スケールで予測した未来の気候は完新世の温暖化ピークである6000年前以降に寒冷化が始まり（新氷河時代の到来），2万5000年後に寒冷期，5万5000年後に氷河が形成されると予測されていた（Berger and Loutre, 2002）．しかし，従来の研究では CO_2 フォーシングを考慮していないほかに，単純な統計手法やモデルに基づいていた．現在では，この自然フォーシングのみによる予測は，人類起源の温室効果ガス CO_2 や CH_4 などの大気中濃度が増加する影響を受けて，機能しなくなっている．気候モデルはデータベースの構築とともにシミュレーション

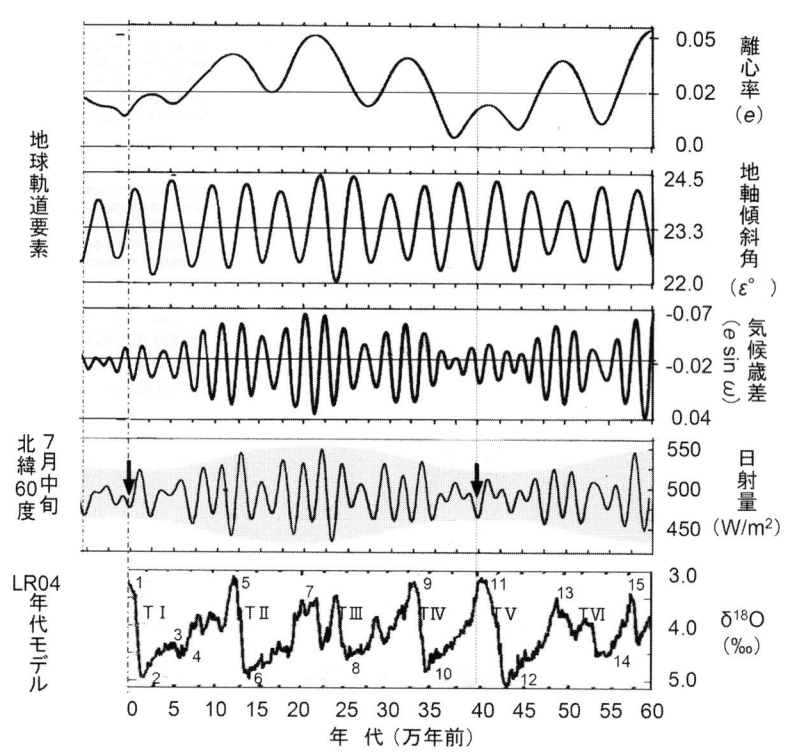

図5.1 過去60万年間の地球軌道要素（離心率，地軸傾斜角，気候歳差）と底生有孔虫殻 $\delta^{18}O$ によるLR04年代モデル (Lisiecki and Raymo, 2005；バローズ，2003)，および将来6万年後までの日射量の変動 (Müller and Pross, 2007)．灰色：日射量に影響をおよぼす気候歳差を制御する離心率の変動範囲．矢印：日射量が最低な現在（MIS1）と約40万年前（MIS11）．数字：ステージ（MIS）．T：ターミネーション．

の精度が格段に進歩した．今や，人類起源の温室効果ガスのフォーシングによる地球温暖化が人類の存続を危うくする最大の問題となっている．

　北半球の現在における少ない夏季日射量と温暖な気候状態との矛盾は，「なぜ，現在はまだ間氷期のままであるのか」という疑問を生じさせて，さまざまな討論会がこれまで欧米で開催されてきた（Droxler *et al.*, 1999, 2003）．間氷期とは，汎世界的な気候状態が産業革命以前の温暖レベルにとどまることであると定義されている．過去の少なくとも2回の間氷期は約1万年間継続した．これは現在の間氷期の期間と同じ長さである．このことによって，

最終氷期から現在の間氷期（完新世，MIS 1）へのターミネーションⅠ（1万1000年前）と1つ前のMIS 6からMIS 5（最終間氷期）へのターミネーションⅡ（13万年前）の類似性（図5.1）を再吟味する厳密な研究が改めて行われた（Skinner and Shackleton, 2006）．

　全球的に温暖であった前～中期鮮新世は近未来に予測される「温室型」地球の気候状態を知るために重要であるとされた．しかし，鮮新世温暖期の500-300万年前は現在からあまりに遠く古い時代である．そのために，気候プロキシや地質データを高時間分解能で分析し解析するためにはデータの収集や精度に限界があることから，最も類似したモデルにはなり得ないおそれがある．事実，現在と未来の気候状態の変化は急速で地域差が著しく不均衡になると予測されたが，現実になっている．

　12万5000-11万5000年前の最終間氷期MIS 5のサブステージ5eの気候状態が，現間氷期（MIS 1）と次の1000年間の地球気候として予測される状態に類似している可能性があるとして，これまでしばしば取り上げられてきた．しかし，日射量の観点からMIS 5における日射量変動の振幅はMIS 1のそれよりも大きく，類似していないことが指摘されている（図5.1）．MIS 1における異常に小さな日射量の振幅は，40万年前（42万3000-32万6000年前）のMIS 11にも同じように起こっていたことが判明している（図5.2）．90万年前に成立した10万年の気候周期は，離心率の41万3000年周期が歳差を調整していることに起因している．MIS 11の時代の離心率は比較的小さかったために日射量変動の振幅が小さくなっている．すなわち，MIS 1（完新世）の日射量レベルに最も類似しているのは，MIS 5よりもむしろ約40万年前のMIS 11前半の日射量である（図5.1）．南極大陸のボストーク氷床コアに閉じ込められた気泡中のO_2ガスの$\delta^{18}O$記録によると，MIS 11に$\delta^{18}O$は増加しており，海底堆積物中の底生有孔虫殻$\delta^{18}O$の増加と類似している（Raynaud et al., 2003）．さらに，この時期はノルウェー海で流氷が出現した時期でもある．また，MIS 11の間氷期は3-4万年の長期間に継続していた（Hao et al., 2012）．しかし，ボストーク氷床コアの記録によると，40万年前のCO_2濃度は250 ppm，CH_4濃度は450 ppbであるとし，最近数千年におけるそれら温室効果ガス濃度の増加と対照的に非常に低い値

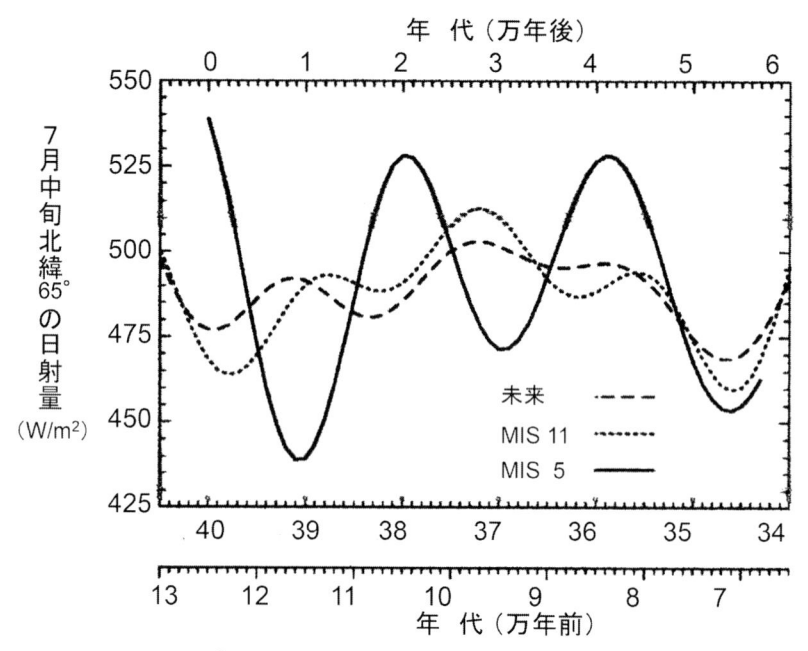

図5.2 MIS 11（40万5000-34万年前）, MIS 5（13万-6万5000年前）, MIS 1～未来（1万年前～6万年後）における7月中旬北緯65°の日射量の比較（Loutre and Berger, 2003）.

であった.

　将来の気候状態を予測するために, 日射量の変化が現間氷期 MIS 1（完新世）に最も類似し, かつ人類活動の影響がない時代である MIS 11 の氷床コアや北大西洋の海底堆積物コアの高時間分解能の分析や解析研究が近年に急速に進展した. 産業革命が始まる直前の大気中 CO_2 濃度は, ボストーク氷床コアで 280 ppm の間氷期レベルと同等レベルであった (Petit et al., 1999). 過去40万年間の CO_2 濃度と CH_4 濃度の値に基づく気候モデルによる推定の結果, 日射量の振幅が気候システムを駆動させるにはあまりに小さすぎる場合には, CO_2 濃度が気候変動を引き起こすことの重大さが指摘されている (Loutre and Berger, 2003).

　20世紀における全球の平均気温の変動に影響をおよぼしたと推定される2つの自然変動（火山と日射）と3つの人類活動（温室効果ガス, オゾン, 硫

酸塩エアロゾル）に起因する5つの強制力とそれらを組み合わせた8つのパターンの合計13パターンについて全球気候モデルが再現されている（Meehl et al., 2004）. IPCC第4次報告書（2007）の核となったその結果によると，20世紀初期の地球温暖化は主に日射による自然（太陽）の強制力によって引き起こされた結果である．一方で，20世紀後半の温暖化は主に温室効果ガスによる人類起源の強制力によるものであることが再現されている．IPCCの第5次報告書（2013）でも結論は同じである．

5.1　早期人類による温室効果ガスの放出

　大気中のCO_2やCH_4濃度を増加させるほど温室効果ガスを放出し始めた「人類の時代」は産業革命の150-200年前であると，一般に考えられている．しかし，それらの温室効果ガスの大気中濃度に人類が影響をおよぼし始めたのは，数千年前からであるとする早期人類仮説（Ruddiman, 2003a）がある．その理由は，(1)過去35万年間における地球軌道要素の変化分に見合う大気中CO_2とCH_4濃度の周期的変化は完新世に向かって減少している（Raymo, 1997）．しかし，実際のCO_2濃度とCH_4濃度はそれぞれ8000年前と5000年前から増加している．その要因は，8000年前以降の森林伐採と5000年前以降の稲作灌漑の影響であると考えられる．(2)考古学や文化，歴史や地質学などさまざまな分野の証拠から，8000年前の森林伐採と5000年前の稲作灌漑の開始は，ユーラシア大陸において早期農耕が進んだことを示しており，この時代の温室効果ガス濃度の増加は人類活動に起因すると考えられる．これらのことは前書『珪藻古海洋学—完新世の環境変動』（2011）で詳述した．

　温室効果ガスの放出による最近数千年間の温暖化は全球平均で約0.8℃，高緯度域では2℃に達すると推定されている（図5.3）．さらに，この1000年間における10 ppmのCO_2濃度の変動を太陽放射や火山活動によると考えるには大きすぎる．しかし，古文書が記しているように，西ヨーロッパで発生した伝染病ペストが蔓延して農場を放棄させたことによっては説明できる．すなわち，農業の放棄によって森林が復活し，計算されたCO_2濃度の

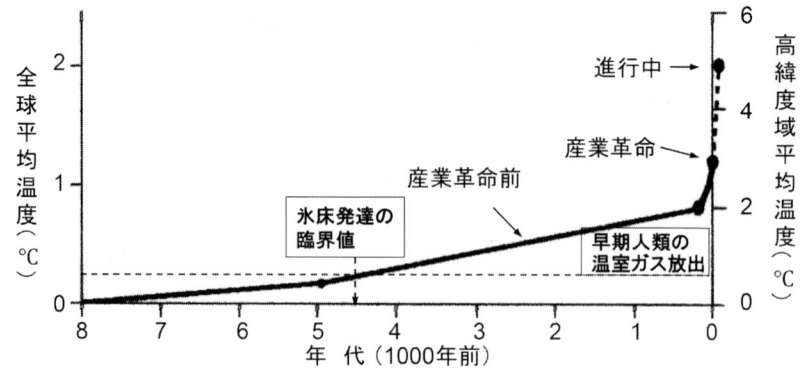

図5.3 早期人類活動による温室効果ガスの放出が原因となった地球温暖化 (Ruddiman, 2003a). 後期完新世における夏季日射量と自然起源温室効果ガスの減少によって 5000-4000 年前に氷床が拡大する予測であったが，早期人類活動による CO_2 と CH_4 の放出によって温暖気候が継続され氷床は拡大していない.

減少分に見合う炭素量が吸収されたことになる（Ruddiman, 2003a）. 自然変動によって大気中の CO_2 濃度が減少した小氷期（1300-1900 年）に伝染病ペストが発生して人口減少を引き起こしたのであるが，その結果として CO_2 を放出する人口が減少して寒冷気候がさらに進行したと考えられる（コラム6）.

(1) 二酸化炭素 CO_2

温室効果ガスの 90% を占める大気中 CO_2 濃度は産業革命前の 280 ppm から 2013 年の 396 ppm へと年ごとに増加している. 産業革命前の増加は森林伐採が原因であり，20 世紀後半における増加の原因は化石燃料の燃焼と森林破壊である. 陸と海洋の生態系における炭素の吸収-排出の炭素循環についてはほとんど分かっていないので，定量的な解明は今後の研究によって明らかにされなければならない. さらに，炭素循環の変化と気候変化との相互作用（気候-炭素循環フィードバック）もまだ不明である. 生物圏における呼吸（CO_2 の排出）と光合成（吸収）は季節変動している. 大気中 CO_2 濃度は，夏季に北半球の畑や森林における光合成によってバイオマスに変換されて極小となり，冬季に植生が分解して蓄えられた炭素が CO_2 となって放

出されるため極大となる．振動パターンは毎年規則的であるが，人間活動によって排出された CO_2 が大気中の CO_2 濃度を全体として増加させている．ハワイのマウナロア観測所では2014年5月に観測史上の最高値 402.84 ppm が記録された．

大気中 CO_2 濃度の変動量は気候に対して大きな効果をもっている．さらに，地球軌道要素の制御による CO_2 濃度の変動は CH_4 濃度の変動よりずっと複雑である．南極大陸タイラードーム氷床コアに記録された CO_2 濃度は氷期から間氷期への急速な移行期（ターミネーション）に最高値まで急増した後，次のターミネーションまでの期間を通じて徐々に減少する（Petit *et al.*, 1999）．しかし，現間氷期においては1万1000年前のターミネーションIで 268 ppm の最高値に達した後，8000年前に 261 ppm まで減少するが，それ以降は予測値に反して現在へ向かって増加している（図 5.4）．

Ruddiman（2003a）によると，大気中 CO_2 濃度の自然変動は離心率とほぼ同調している．それゆえ，氷期-間氷期の10万年周期において1万3500年前に離心率が最高値になった時，CO_2 濃度も最高となり，それ以降の減少が予測された．さらに，気候歳差の2万3000年周期によって制御された CO_2 濃度の変動は，北半球夏季の日射量より約1000年おくれて応答する．また地軸傾斜角の4万1000年周期によって制御された CO_2 濃度は夏季日射量の変化より平均6500年おくれて応答する（Ruddiman, 2003b）．これらのことを考慮した予測では，3500年前以降，この効果が CO_2 濃度の減少として影響をおよぼすはずであった．しかし，上記に述べてきた地球軌道要素のいずれの強制力もおよばず8000年前以降の CO_2 濃度は 20-25 ppm 増加しており，予測値から見積もると 40 ppm の増加が起こったことになる（図 5.4）．

(2) メタン CH_4

グリーンランドの GRIP 氷床コアや南極大陸のボストーク氷床コア中の CH_4 濃度は中期完新世（約5000年前）まで地球軌道要素の気候歳差2万3000年周期による日射量の変動とよく一致している（図 5.5）．大気中 CH_4 濃度と日射量の変動が一致する原因は，熱帯モンスーンにあるとする「軌道モンスーン説」（Kutzbach, 1981）がある．夏季日射量の増加が大陸を暖めて

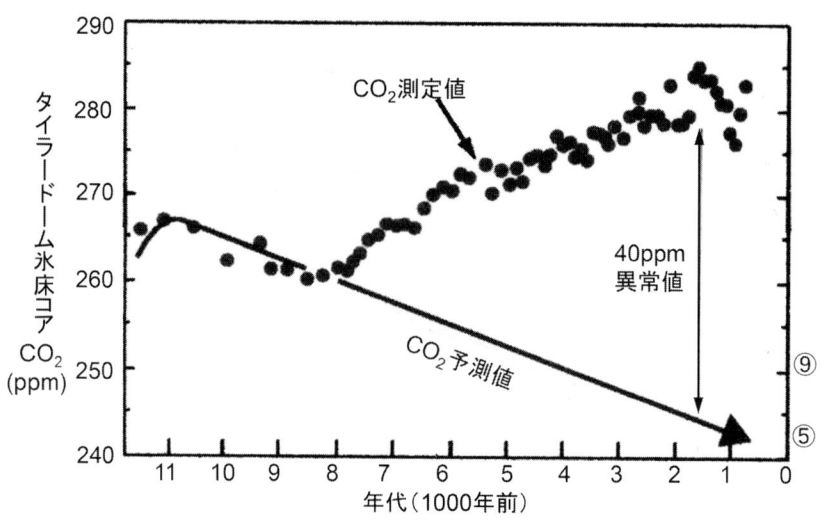

図 5.4 南極大陸タイラードーム氷床コア中の CO_2 濃度 (ppm) は前の間氷期 MIS 5 (⑤) や MIS 9 (⑨) のレベルまで減少する予測であったが，40 ppm の異常値まで増加している (Ruddiman, 2005).

　上昇気流が起こると，地表の圧力が低下するので海から湿った空気が流入して高所に沿って上昇して冷却されるので，水蒸気がモンスーンの雨滴となる．烈しいモンスーン降雨は大地を潤し，湿地帯を増加させるとともにメタンを発生するメタン生成バクテリアの成長速度を高め，CH_4 を放出するというシナリオである．したがって，CH_4 濃度はモンスーンが起こりやすい低緯度域において気候歳差による夏季日射量変化の 2 万 3000 年周期で変動するのである．同じように，夏季モンスーンは大陸が集まっている北半球の高緯度域の大地を暖め潤して，全球 CH_4 濃度の 1/3 を放出している．

　現在の間氷期が始まる 1 万 1000-1 万 500 年前に 7 月の夏季日射量が増加して CH_4 濃度も最高値に達した．その後，CH_4 濃度は 8100 年前の短期間に 100 ppb 減少する．日射量は減少し続けて 5600-5000 年前にネオグレーシャル（新氷河時代）が始まったので，大気中 CH_4 濃度は直ちに日射量の減少ペースに戻り，産業革命時には 450 ppb に達すると予測された（図 5.5）．しかし，CH_4 濃度は予測された連続的な減少から外れて緩やかに増加し始めて，近年 700 ppb に達している．この原因として，7500 年前に人類が野生

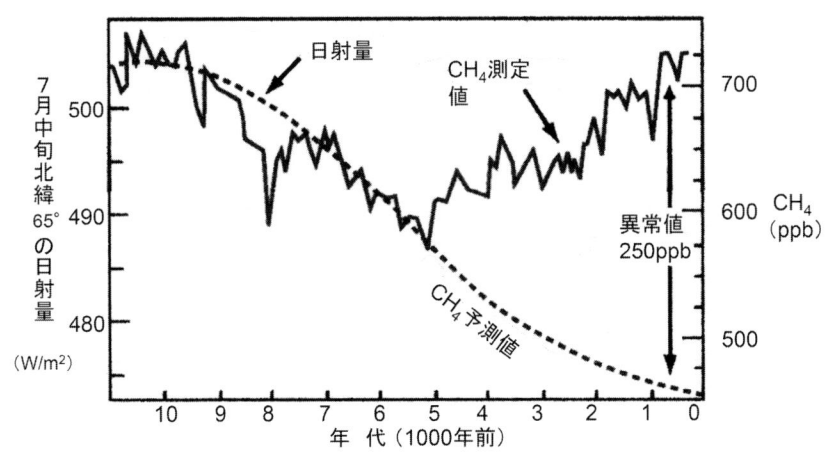

図 5.5 グリーンランド，GRIP 氷床コア中の CH_4 濃度（ppb）（Blunier et al., 1995）は予測値と測定値が違っている（Ruddiman, 2005）.

の稲を栽培し始め，5000 年前以降には稲作灌漑を始めたことが指摘されている．それゆえ，予測された産業革命時の 450 ppb と現在値の 700 ppb との差 250 ppb は 5000 年前以降の人類活動による増加と推測される．

(3) 早期人類活動が放出した温室効果ガスの気候への影響

中期完新世以降の人類による大気中 CO_2 と CH_4 濃度の増加は合計 40 ppm と推定され，気温にして 0.55℃ の上昇に相当する（図 5.4）．CH_4 濃度の増加は 250 ppb であり，全球温度を 0.25℃ 上昇させる量に相当する（図 5.5）．合計 0.8℃ の温度上昇が 1800 年までに起こっている（図 5.3）．

一方，産業革命の 1850 年以降の温暖化は約 0.6℃ に達し，そのうちの約 0.45℃ は人類起源であり，残りは太陽と火山活動に起因するとする説 (Wigley et al., 1998) がある．Ruddiman（2003a）と Wigley et al.（1998）の推定値に違いが生じた第一の原因は，30 年あるいはそれ以上と推定される海洋の熱容量効果 (Hansen et al., 1984) が考慮されているか否かである．海洋は海面で大気と接し，熱や CO_2 を吸収して海洋内部へそれらを輸送している．しかし，海洋の上部 75 m だけが大気と平衡状態にあり，CO_2 吸収の能力には限界がある．海洋の上部層が深部と交換するには何百年もかかる．

5.1 早期人類による温室効果ガスの放出

CH$_4$ は CO$_2$ に次いで 2 番目に重要な温室効果ガスであるが，その量はずっと少ない．産業革命以降に増加した CO$_2$ や CH$_4$ 濃度の半分は最近 30 年以内に起こっているので，海洋は温暖化の起因となる温室効果ガスに対してまだ反応し終わっていない．それゆえ，温暖化は将来へ向かってまだ「進行中」である（図 5.3）．第二の原因は産業革命時の温室効果ガスによる昇温効果をエアロゾル生成が相殺する効果である（Charlson et al., 1992）．産業革命前の工場の煙突は高さが低く，溶鉱炉の温度も低かったために，エアロゾルの放出は対流圏下部に限られていた．したがって，エアロゾルの生成は中期完新世以降の人類の温室効果ガス増加による昇温を相殺する効果は期待できない（Ruddiman, 2003a）.

高緯度域では積雪被覆や海氷の張り出しが全球の平均気温の変化幅を低く抑える正のフィードバックとして作用する．中期完新世以降に人類が放出した温室効果ガスに起因する全球昇温の 0.8℃ は高緯度域では約 2℃ になると推定される．これはカナダ北東部の氷床形成を停止させることができる値である．事実，過去数千年間に北半球の高緯度域において氷床が発達しなかった原因は，この地域が中期完新世以降の温室効果ガスの放出によって 2℃ 昇温したことであると考えられている．このような著しい温暖化が注目されてこなかった理由は，中期完新世以降の人類による温暖化が 8000 年の長期間にわたって少しずつ徐々に進んだことと，夏季日射量の減少による著しい寒冷化がこの微弱な温暖化の傾向を覆い隠したためであると考えられる．北半球の高緯度域において 6000 年前以降に気候歳差と地軸傾斜角の周期が制御する夏季日射量が減少することによって，2-3℃ 気温が低下したことが大気大循環モデルによって予測されていた（Kutzbach et al., 1996）．事実，夏季温度の気候プロキシは 6000 年前以降の寒冷化を示している．

(4)「氷床形成の遅延」仮説（Ruddiman et al., 2005）

地球軌道要素の変化によって生成された 10 万年周期をもつ氷期－間氷期サイクルは，短い間氷期（1 万年程度）と 1 周期の 90％ を占める長い氷期（9 万年程度）から構成されている．それゆえ，現在の間氷期における約 1 万年間の気温が比較的安定した温暖な気候状態であるのは自然変動に起因すると

長い間考えられてきた．しかし，これまで述べてきたように CO_2 濃度は前の間氷期で測定された傾向から 240-245 ppm まで減少するだろうと推測されたものの，8000 年前以降に増加に転じ 280-285 ppm まで徐々に増加している（図5.4）．同じように，CH_4 濃度は 2 万 2000 年の歳差周期によってモンスーンが弱まり，温帯域が寒冷化して 450 ppb まで連続的に減少すると予測された．しかし，過去 5000 年間に 700 ppb まで増加している（図5.5）．これらの異常から推定される温暖化は，IPCC 第 4 次報告書（2007）と第 5 次報告書（2013）の 2.5℃の温度変化は CO_2 濃度の 2 倍に相当するとする推定にしたがえば，全球で 0.8℃，極域で 2℃の温度上昇となる（図5.3）．

5.2 気候変動の予測（過去-現在-未来）

　300 万年前以降を通じて気候は徐々に寒冷化して，北半球における主要な氷床の形成が開始された．地球気候の外部強制力である太陽放射の入射（日射）量を制御する地球軌道要素の変化，地軸傾斜角 4 万 1000 年周期から離心率 10 万年周期への変化などが 120-60 万年前（90 万年前）に起こって，10 万年周期の 90%を占める長い寒冷期（氷期）と短い温暖期（間氷期）からなる気候振動が形成された（図4.1）．氷河の消長を示す底生有孔虫殻の $δ^{18}O$ 記録における最大の変化は，42 万 4000 年前に起こったステージ 12（MIS 12）氷期からステージ 11（MIS 11）間氷期への異常に大きい振幅への移行（ターミネーションV）である．この時に気候の漸移的寒冷化は実質的に終わった．更新世最大の氷期-間氷期のコントラストは外部強制力が最小の時期に起こっていることから，Berger and Wefer（2003）は「ステージ 11 のパラドックス」と称している．

　研究者は未来の温暖気候を想定して，気候モデル・シミュレーションのデータとして，第四紀の中で現在より温暖であった時代の古気候と古海洋の記録を探し求めている．ターゲットとして約 40 万年前の MIS 11 の陸上と海洋の地質記録が最適であるとされている．データとモデルを融合させた研究は強制力と気候感度の理解を深めるために不可欠であり，良いデータは気候モデルのシミュレーション結果の確からしさを検証する材料としても重要で

ある.

　地球の全表面において，海洋の表面は太陽放射熱を非常によく吸収するが，そこが雪氷で覆われると逆に最も効率のよい反射体になる．海洋は地球全体の風系への主なエネルギー源である．強い風や嵐は海水をかき混ぜ海水を移動させる．南極点には平均約 2450 m の厚い氷床で覆われた南極大陸があるが，北極点は厚さ約 10 m の多年氷がある北極海のほぼ中央にあり，周囲を大陸や島で囲まれている．南極大陸の面積と北極海の面積とはほぼ同じである．

(1) 南極大陸の氷床コア

　南極大陸の面積は 139 万 2000 km^2 で，毎年の積雪によって平均 2450 m の厚い氷床で覆われている．南極大陸は中央部にある標高 2000-4000 m の南極横断山脈によって東南極と西南極に分けられる．大陸と氷床の界面温度は地熱により 0℃ であるが，冬季の平均気温は放射冷却によって内陸部で $-70 \sim -50$℃，沿岸部で -20℃ になる．大陸周辺の氷床は斜面を流れ下る「氷流」となり，海面上で「棚氷」を形成する．極域は赤道域に対峙する大気循環のもう一方に位置するエネルギー源であり，熱輸送にともなう物質循環の収束域となっている．それゆえ，大気中に放出されたさまざまな起源の塵や火山噴出物などの諸物質が地球規模の気候や環境変動の影響を受けながら対流圏や成層圏を経由して氷床中に蓄積されている．

　氷床コアを分析することによって，過去の気候や環境変動を大気温度（気温）や積雪量，大気中の温室効果ガス濃度，大気成分などの要素から解析することができる．大気エアロゾル濃度の変動はローカルな気候変動を反映し，温室効果ガス濃度は全球規模の重要な強制力となる．氷床コアの年代決定には，積雪層の圧密が進行していない完新世以降では季節変動を利用した氷縞数，δ^{18}O，ダスト，電気伝導度による酸性度などのほか，^{10}Be，^{210}Pb，^{14}C などの放射性同位体による年代測定法がある．

　これまでドームふじ氷床コアは 34 万年前（Watanabe *et al.*, 2003），ボストーク氷床コアは 42 万年前（Petit *et al.*, 1999），東南極ドーム C から採取された EDC 氷床コアは 74 万年前（EPICA community members, 2004）以降の気

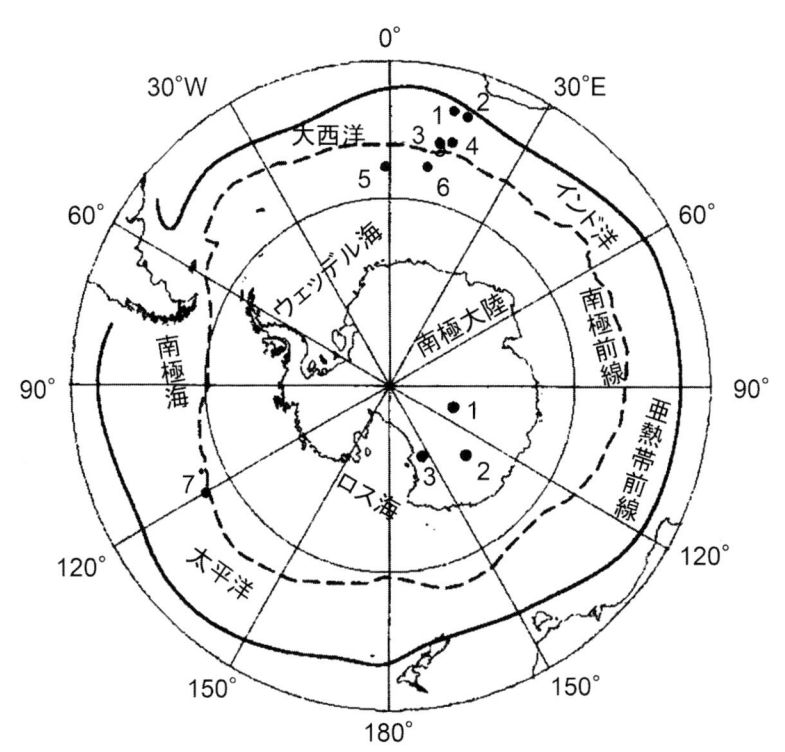

図 5.6 南極大陸で掘削された氷床コアは，1：ボストーク氷床コアのボストーク基地．2：EDC 氷床コアのドーム C 基地．3：タイラードーム氷床コアのドーム C 基地．南東大西洋の海底堆積物コアは，1：TTN057-21，RC11-83．2：TN057-6．3：TT057-10，TN057-10，TN057-11．4：ODP Hole 704A．5：RC13-259．6：TTN057-13，ODP Site 1094．亜南極太平洋からは，7：E33-22．

候変動の記録を提供してきた（図 5.6）．

① タイラードーム氷床コア：アメリカ合衆国の連合体によってタイラードーム（77° 48′ S, 158° 43′ E；標高 2374 m；積雪量 7 cm/ 年）で 1993-1994 年に 554 m まで掘削された氷床コアにおいて，大気中の CO_2 濃度と $\delta^{13}C$ が 1 万 1000 年前以降の完新世を通じて測定された（Indermühle et al., 1999）．全球大気中の CO_2 濃度と $\delta^{13}C$ は陸上のバイオマスと表層海水温度の変化に応じて 1000 年スケールで変動していた．

② ボストーク氷床コア：ロシア・アメリカ合衆国・フランスの連合体に

5.2 気候変動の予測（過去-現在-未来） 125

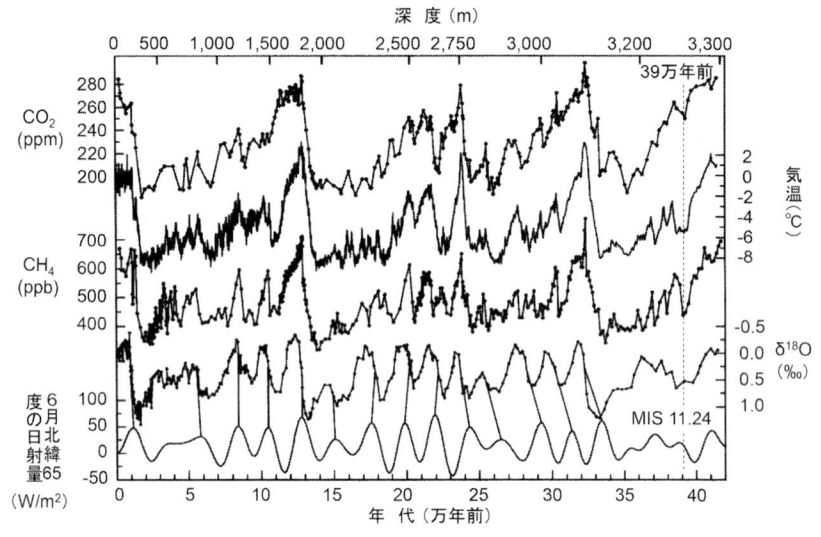

図5.7 ボストーク氷床コア中の CO_2 量, δD から推定された気温変化, CH_4 量, $\delta^{18}O_{atom}$ の変化, 6月中旬の北半球北緯65°の日射量の変化 (Petit et al., 1999).

よってロシアのボストーク基地 (78° S, 106° E；標高 3488 m；氷の厚さ 3623 m) で 1998 年に掘削された氷床コアは，氷床下に存在する広大なボストーク淡水湖の直上 120 m まで 3623 m 掘削された (Kapitza et al., 1996). 氷床の厚さ 3300 m, 過去 42 万年間を通じての氷床 (H_2O) コア中の水素同位体比 ($D/H=\delta D$), 大気中の酸素同位体比 ($\delta^{18}O_{atom}$), CO_2 濃度, CH_4 濃度, ナトリウムイオン濃度 (Na^+), ダスト量などが分析された．その結果, 4回の氷期と間氷期が同じような振幅でくり返されたことが明らかにされた (Petit et al., 1999；図5.7)．ボストーク氷床コアの δD から見積もられる気温変動 (ΔT) は，海底堆積物コア中の底生有孔虫殻 $\delta^{18}O$ と同じように変動している．ΔT のスペクトル解析では 10 万年と 4 万 1000 年周期が卓越している．4 万 1000 年周期はボストーク地点の年間日射量 (W/m^2) 周期と同調している．また，氷床コア中の O_2 ガスの $\delta^{18}O_{atom}$ は北緯65°における6月の日射量 (W/m^2) と同調している．各氷期の終末期（ターミネーション）における日射量の増加が温暖気候に向かわせたと考えられている．氷床中の気泡に閉じ込められた大気中 CO_2 の濃度は気温変化と相関しており,

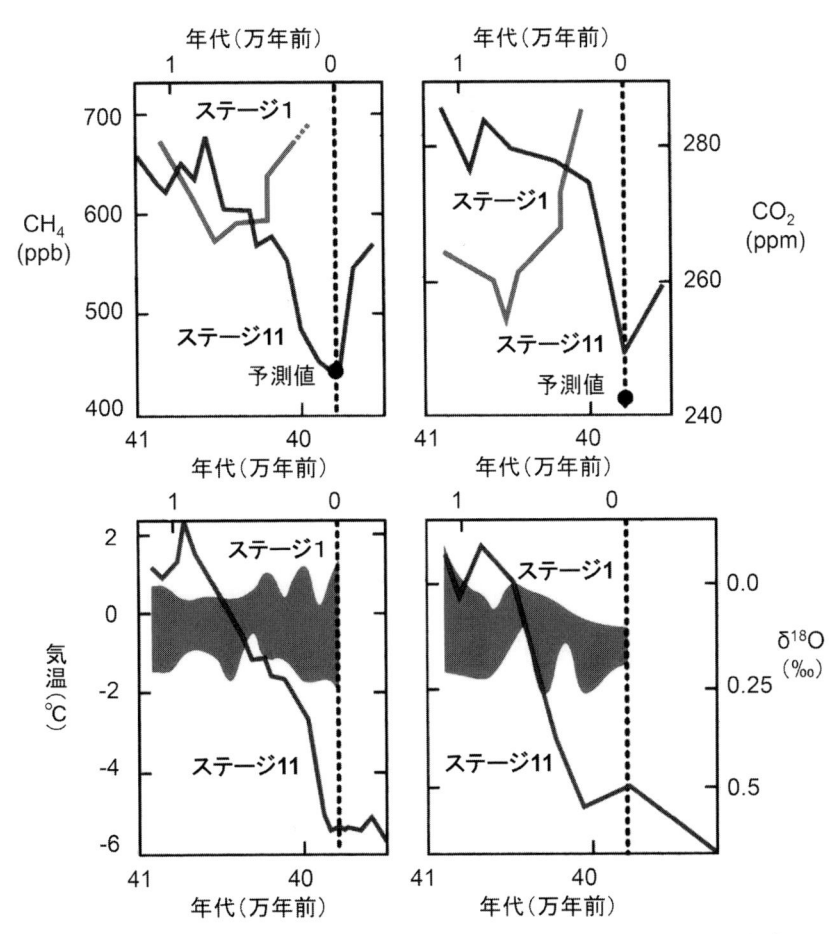

図 5.8 ボストーク氷床コア中の気候プロキシの変化 (Petit et al., 1999) を間氷期ステージ 11 とステージ 1 (完新世) とで比較 (Ruddiman, 2005). 南極 (ボストーク基地) での気温は δD に基づく.

スペクトル解析では 10 万年周期が圧倒的に卓越している. CO_2 濃度は氷期に 190-200 ppm, 間氷期に 260-280 ppm であり, 氷期の CO_2 濃度が間氷期よりも 72% 少ない. CH_4 濃度はターミネーションで急増している. CH_4 濃度のスペクトル解析は 10 万年と 4 万 1000 年の周期が卓越することから, 北半球で大規模な氷床の溶解が起こって湿地帯を増加させるとともにメタン生成バクテリアの活性を高め, その代謝の最終生成物として CH_4 が活発に放

5.2 気候変動の予測 (過去-現在-未来)

出されたと考えられる.

　MIS 11 の 39 万 7000 年前の日射量は現在に最も近い. この時代のボストーク氷床コアに記録された CO_2 濃度は 250 ppm であり, CH_4 値は 450 ppb である（図 5.8）. これらの温室効果ガスは MIS 11 を通じて減少しており, Ruddiman（2003a）が報告した 8000 年前以降の CO_2 濃度の増加と対照的である. 氷床コアに記録された自然変動に起因する CO_2 濃度プロファイルの結果は, 後期完新世の温室効果ガス濃度の上昇が日射量変動では説明がつかないため,「人類の灌漑農耕の発展による温室効果ガス放出に起因する地球温暖化」仮説（Ruddimen, 2003a）を支持している. $\delta^{18}O$ 値は間氷期レベルから氷期へ向かって低下し, MIS 11 前期に寒冷化したことを示している. δD 値もまた間氷期から氷期へ向かって 75% のレベルまで低下している. MIS 11 中のサブステージ MIS 11.24 の最低値に見られるように気温が 7℃ 低下すれば氷床が形成される（図 5.7；Petit *et al.*, 1999）.

　③ EDC 氷床コア：EDC 氷床コアは, 南極大陸で 2 本の氷床コアを掘削するためにヨーロッパ 10 カ国の研究所が連合した計画（European Project for Ice Coring in Antarctica；EPICA）の 2 本目の氷床コアで, ドーム C（75°06′S, 123°21′E; 標高 3233 m; 氷の厚さ 3309±22 m）において 3190 m まで掘削された（EPICA community members, 2004）. ボストーク氷床コアの採取点から 560 km 離れている（図 5.6）. EDC 氷床コアは 74 万年前まで達している. δD とダスト量の変化によって過去 4 回の氷期がボストーク氷床コアと容易に対比が可能である. 乾燥と風力が強まる氷期に, ダスト量は間氷期の 26 倍も増加している. そのために, 氷粒の粒径は著しく小さくなっている（EPICA community members, 2004）. 図 5.9 に MIS 12 と MIS 11 の境界（ターミネーションⅤ）と MIS 11 の前半までの CO_2 と CH_4 量の分析結果, MIS 11 の δD とダスト量が示されている. 43-40 万年前のターミネーションⅤにおける気温と温室効果ガス濃度の変化の規模は現在のターミネーションⅠに類似している. さらに, ターミネーションⅤの後の間氷期は現在の間氷期の 1 万 2000 年に比べると, 異常に長い 2 万 8000 年である. それゆえ, 現在の間氷期はすでに 1 万 2000 年経過したので, 温暖な状態があと 1 万 6000 年続くと推測される. δD は MIS 12 前後で氷期-間氷期の振幅

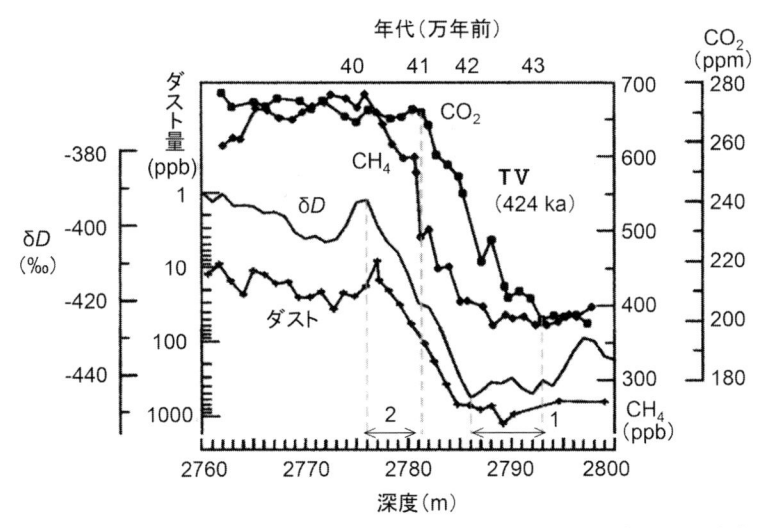

図 5.9 EDC 氷床コアのターミネーションⅤ前後における気候プロキシの変化 (EPICA community members, 2004 を改変). イベント 1：CO_2 濃度と δD の増加. イベント 2：CO_2 濃度と δD のピーク.

が著しく異なる. 42 万年前より古い時代の氷期-間氷期の振幅は全体として 20％小さく, 氷期-間氷期が明瞭でなくなっている. 後述するように, 東太平洋カリフォルニア沖の ODP Site 1020 における U^k_{37}-SST がターミネーションⅤ以前の氷期-間氷期の差異で 3-4℃ と小さな変化であることと同様である.

(2) 南極海, 南大西洋

南極大陸の沿岸域にはロス棚氷 (53×10^4 km^2) やウェッデル海のフィルヒナー棚氷 (43×10^4 km^2) などの巨大な棚氷が発達している. それらは南極大陸からの氷河流入, 空からの降雪, 海からの結氷などによって涵養されている. 周辺海域の海底には氷床が運搬してきた IRD が幅 300-600 km の流氷堆積物域を形成している. 流氷（氷河性）堆積物の外側は主に珪藻殻からなる厚い珪藻軟泥である. その北限は南緯 60-55°の冬季海氷の縁辺あるいは南極収束帯である. この海域の南極表層水中に湧昇してきた太平洋や大西洋, インド洋からの深層水が栄養塩類を大量に供給するので, 一次生産量

は全海洋の20%に達している．南極収束帯の外側では珪藻殻が減少し，水深4500 mのCCDより浅い海底には石灰質軟泥が，それより深い海盆には赤粘土が堆積している．流氷域の内部には大小さまざまな海水面（ポリニア）が散在している．西南極は棚氷と沿岸ポリニアによる海水冷却と塩排出が結氷（海氷）と南極底層水の70%以上を形成している．さらに，ウェッデル海で形成された底層水が南極周辺海域に達した北大西洋深層水へ加わって，深層水循環が強化されている．南極大陸からウェッデル海へ流れ出た南極氷床と海氷を解析するために，西南極沖合から多数の海底堆積物コアが採取されている（図5.6）．

① 南大西洋の極前線を縦断する5本の海底堆積物コア：TN057-6（42°54.8′S, 8°54′E；水深3751 m），TN057-10（47°6′S, 5°55′E；水深4390 m），TN057-11（46°56′S, 6°15′E；水深4095 m），ODP Hole 704A（46°53′S, 7°25′E；水深2532 m），RC13-259（53°53′S, 4°56′W；水深2673 m）の過去45万年間を通じての浮遊性有孔虫殻と底生有孔虫殻のδ^{18}Oとδ^{13}C，および炭酸塩量が測定された（Hodell et al., 2000）．さらにこれらの南大西洋のδ^{13}Cは亜南極太平洋の極前線に位置する堆積物コアE33-22（55°S, 120°W；水深2743 m）のそれと比較された．

その結果，MIS 11のδ^{18}O値はMIS 9, 5e, 1より大きくないが，SPECMAP（Mapping Spectral Variability in Global Climate Project）のδ^{18}Oに比較すれば温暖期が2万2200年継続したことになる．ボストーク氷床コアのδDによる気候変動（Petit et al., 1999）と一致している（図5.10）．これは現在と同様に，40万年前の地球軌道要素の離心率は小さく歳差周期が弱かったために，間氷期のなかの亜氷期が減少したことに原因する．MIS 11の底生有孔虫殻δ^{13}Cは他の間氷期ステージより大きく，炭酸塩成分に富んでいることは炭酸塩の生産が盛んであったことを示唆する．事実，南方海から採取された堆積物コアのMIS 11においては，他の層準の堆積物が珪藻質であるのに対し白色で炭酸塩質である（Hodell et al., 2000）．北大西洋深層水が南極周極海流へ流入して周極底層水と混合することによって，湧昇が起こって極前線の南方域に炭酸塩が沈積していた．その結果，全海洋の栄養塩が減少し海洋-大気のガス交換率が増加したために，南極表層水での低

アルカリ度がもたらされた．それゆえ，南方海の高緯度域における大西洋と太平洋の MIS 11 における浮遊性および底生有孔虫殻は類似した $\delta^{13}C$ を示したのである．

② アフリカ大陸南方沖，南東大西洋の極前線を東経 5-10° に沿って縦断する南緯 41-53° から採取された 3 本のピストン・コア（図 5.6）：TTN057-13/1094, 53° S；TTN057-10, 47° S；TTN057-21, 41° S の最終氷期（6万-1万年前）における IRD 量，有孔虫殻数，浮遊性有孔虫殻 $\delta^{18}O$，底生有孔虫殻 $\delta^{13}C$ などが 1000 年スケールで測定された（Kanfoush et al., 2000）．その結果，IRD 量が増加した時期は北大西洋高緯度域が温暖となった亜間氷期に相当している．北大西洋深層水（NADW）の生産が増強されて海水準が上昇したために，ウェッデル海では棚氷が不安定になり，大波が頻繁に発生したことが原因である．

ウェッデル海北方の 53.2° S, 05.1° E；水深 2850 m から採取された長さ 14 m のピストン・コア（TTN05-13-PC4）に含まれる IRD 量，火山灰と石英の沈積流量，浮遊性有孔虫殻 $\delta^{18}O$，珪藻に付着した有機物の $\delta^{18}O$ と $\delta^{13}C$, $\delta^{15}N$，珪藻群集などが過去 1 万年間の完新世を通じて分析された（Hodell et al., 2001）．その結果，南極表層水は 1 万-5000 年前に温暖で海氷はなかった．しかし，5000 年前に表層水は寒冷化し，IRD が亜南極の 45-40° S まで発達していた．この変化は 5000 年前にヒプシサーマル（高温）期が終わり，新氷河期が始まったことに原因する．

③ ピストン・コア TTN05-13-PC4 と同じ地点から採取された ODP Site 1094（53.2° S, 05.1° E：水深 2818 m）堆積物コアの MIS 11-1 における IRD 量，有孔虫殻数，放散虫殻数が高時間分解能で解析され，ボストーク氷床コアの大気-氷床記録と対比された（Kanfoush et al., 2002）．その結果，氷期（MIS 10, 8, 6, 4-2）にはウェッデル海域の棚氷が不安定となって，大量の IRD が 1000 年規模の周期性を示しながら変動した．間氷期（MIS 11, 9, 7, 5, 1）には表層水が温暖になるとともに海氷の減少によって IRD は減少した．間氷期の前期に有孔虫殻は増加するが，後期には氷期に近い気候状態となり，IRD が増加し有孔虫殻は減少する．MIS 12 氷期から MIS 11 間氷期への移行期（ターミネーション V）と MIS 2 から MIS 1（完新世）へのタ

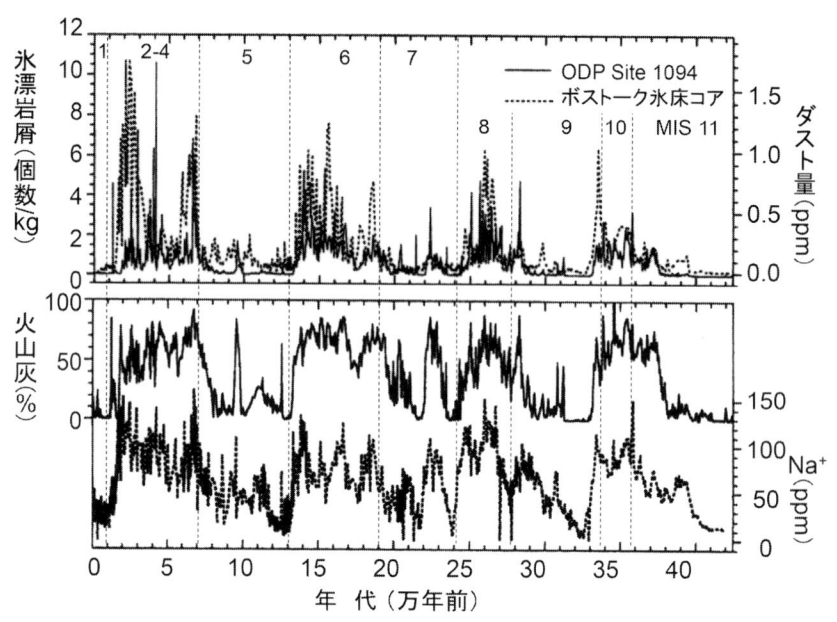

図5.10 南大西洋 ODP Site 1094 の氷漂岩屑と火山灰を南極ボストーク氷床コアのダストと Na⁺ (Petit et al., 1999) に比較対照させた (Kanfoush et al., 2002 を改変).

ーミネーション I には，IRD の減少および $\delta^{18}O$ の増加と減少が短期間にステップ状に生じた．MIS 11 は他の間氷期よりも著しく高温となっていた．IRD 量の変動はボストーク氷床コアのダスト量と対比される（図5.10）．また，火山灰と放散虫殻からなる堆積物の粗粒成分が卓越する時期はボストーク氷床コアで Na⁺ 濃度が高くなっていた．それらの変動は海氷の拡大と寒冷な表層水にともなって南極海と南極大陸の間の温度勾配が増加することによって，大気循環が増強された結果であると考えられる．

④ 南極無海氷帯に位置する 3 本の海底堆積物コア：ODP Site 1094（53°10.8′S，5°7.8′E；水深 2807 m），PS2089-2（53°11.3′S，5°19′E；水深 2611 m），および ODP Site 1093（49°58.58′S，5°51.92′E；水深 3624 m）中の珪藻化石群集が解析された（Kunz-Pirrung et al., 2002）．変換関数法による間氷期 MIS 11（42万300-36万2000年前）の表層海水温度は D-O 様の 1000 年スケールで周期的に変動し，ターミネーション V（MIS 12-11）で

4-6℃の温度上昇を示した.しかし,MIS 11 での表層海水温度は MIS 5 や 1 より高くないが,継続期間は長い.海氷プロキシの珪藻種群によると,氷期 MIS 12 と 10 の海氷範囲は 3000 年と 1850 年の周期で変動していた.

(3) グリーンランドの氷床コア

グリーンランドは北極海の出入り口に位置しており,面積の 80% が氷床で覆われている.1966 年に Camp Century で基盤岩まで掘削された長さ 1367 m の氷床コアの $\delta^{18}O$ の測定から始まった一連の研究は,掘削深度が 1000 m を超す 1981 年の Dye 3(コア長 2037 m),1992 年の GRIP(コア長 3028 m),1993 年の GISP2(コア長 3054 m)と続いて,グリーンランド氷床と周辺の海洋-大気との相互作用や地球全体の気候変動に関連した気候と環境変動の記録が提示された(例 Dansgaard et al., 1993).グリーンランドは南極大陸に比べ毎年の降雪量が多いために,基盤岩に達するまでに得られる氷床コアの年代は南極大陸の EDC 氷床コアが 74 万年前までに達しているのに対し,GRIP 氷床コアの基底は最終間氷期の前の間氷期 Holstein(MIS 7)の約 25 万年前と若い年代である.GRIP 氷床コアの $\delta^{18}O$ による最終間氷期 Eemian(MIS 5e)(GRIP Members, 1993)と最終氷期(Dansgaard et al., 1993)の気候変動が解析された.とくに最終氷期の亜間氷期はヨーロッパ大陸の花粉帯や D-O イベントに対比された.

① NEEM 氷床コア:Camp Century 近くの新 NEEM(New North Greenland Eemian Ice Drilling)地点(77.45°N, 51.06°W;標高 2450 m)で 2008-2012 年に基盤岩直上までの長さ 2540 m の氷床コアが掘削された(NEEM Community Members, 2013).最終間氷期(13万-11万 5000年前)Eemian が $\delta^{18}O_{ice}$,CH_4 量,N_2O 量,$\delta^{15}N$,$\delta^{18}O_{atom}$,空気含有量などで総合的に分析された.その結果,12万 6000 年前が最も温暖で,気温は現在より 8±4℃ 高かったが,その後低下した.12万 8000-12万 2000 年前に氷床の厚さは 400±250 m 減少した.現在は融雪が生じない NEEM 地点で 12万 7000-11万 8000 年前の夏季に,2012 年 7 月夏季と同様に,氷床表面の融解が生じていた.

② NGRIP 氷床コア:グリーンランドにおける最終氷期から現間氷期への

移行期（1万5500-1万1000年前）における過剰δD, $\delta^{18}O$, ダスト量, Na^+, Ca^{2+}などを高時間分解能で解析するために，グリーンランド内陸部のNGRIP（North Greenland Ice Core Project）（75.10°N，42.32°W；標高2921 m）で1996-2003年に基盤岩までの長さ3085 mの氷床コアが掘削された（Steffensen et al., 2008）．基底部の年代は12万3000年前である．その結果，ヤンガードリアス寒冷期（1万2900-1万1700年前）の前後に起こった温暖化（1万4700年前と1万1700年前）では，ダスト量が減少し始めた後に，海水温度が1-3年以内に2-4℃低下し，最後に気温が10℃上昇した．気温上昇の期間は1万4700年前の温暖化で3年，1万1700年前では50-60年以内であった．

(4) グリーンランド近傍の海底堆積物コアとグリーンランドの植生

　グリーンランド南西沖のODP Site 646（58.2°N, 48.4°W；水深3460 m）堆積物コア中の花粉化石に記録された過去300万年間のグリーンランドにおける植生変化によって，グリーンランドの氷床変動史が復元された（de Vernal and Hillaire-Macel, 2008；図5.11）．グリーンランド氷床量のプロキシとしての花粉量は氷期に減少し，MIS 6（19-13万年前）には花粉量がほとんどゼロの最小値である．この時，グリーンランドとローレンタイド氷床は最大限に発達していた．一方，花粉量はMIS 13, 11, 5eの間氷期に増加し，森林植生が広がって氷床量は減少していた．約40万年前の温暖期MIS 11の花粉量は完新世より一桁多い．MIS 11の開始時には灌木と草本花粉が多く，南グリーンランドは開けた植生状態であった．長いMIS 11間氷期にグリーンランド氷床は減少し，トウヒ属の北方系松柏森林がグリーンランドを覆っており，現在より温暖であった．有孔虫殻$\delta^{18}O$と花粉化石からMIS 11の始まりと終わりにおいて，氷床の後退・拡大開始と森林の発達・衰退は同時であった．グリーンランドや他の北極氷冠が溶解すれば海水準は2.2-3.4 m上昇すると推定されている（Overpeck et al., 2006）．

(5) 北大西洋の海底堆積物コア

　北大西洋の海底堆積物には，ドリフト堆積として形成された堆積速度の速

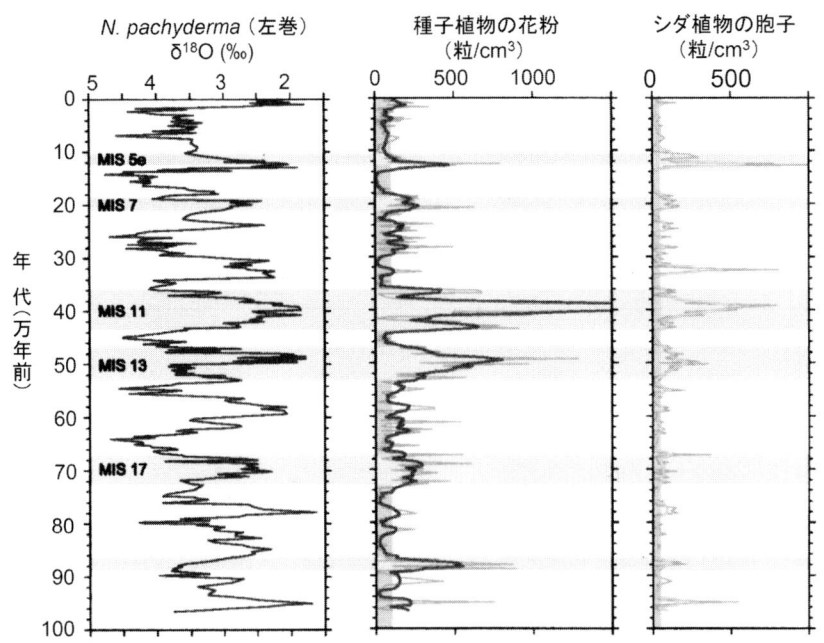

図5.11 ODP Site 646の上部76 mにおける *Neogloboquadrina pachyderma*（左巻）殻のδ^{18}O，および花粉と胞子化石の相対存在量 (de Vernal and Hillaire-Marcel, 2008).

い堆積物が多いので，高時間分解能解析に適している．またSSTや表層および深層水塊の性質や全球氷床量を推測するプロキシとなる有孔虫殻を構成する$CaCO_3$（炭酸塩）の沈積流量が多く保存状態が良い「大西洋タイプ」である（図3.2）．

① ノルウェー海：ノルウェー海南部から採取された海底堆積物コアPS1243において，過去45万年間の底生と浮遊性有孔虫群集，底生および浮遊性有孔虫殻数，底生有孔虫殻δ^{18}O，浮遊性有孔虫殻のδ^{18}Oとδ^{13}C，炭酸塩含有量，灰色レベルなどが分析されて，MIS 11と1の気候と古海洋環境が比較された（Bauch *et al.*, 2000）．その結果，(1) 浮遊性有孔虫殻δ^{18}OはMIS 11, 5e, 1で最も軽く，温暖気候を示した．しかし，底生有孔虫殻δ^{18}Oとの比較は重い同位体比をMIS 11で示し，大規模な全球氷河量を示唆する．(2) MIS 11の1万年間（40万8000-39万8000年前）にIRDはな

5.2 気候変動の予測（過去-現在-未来） 135

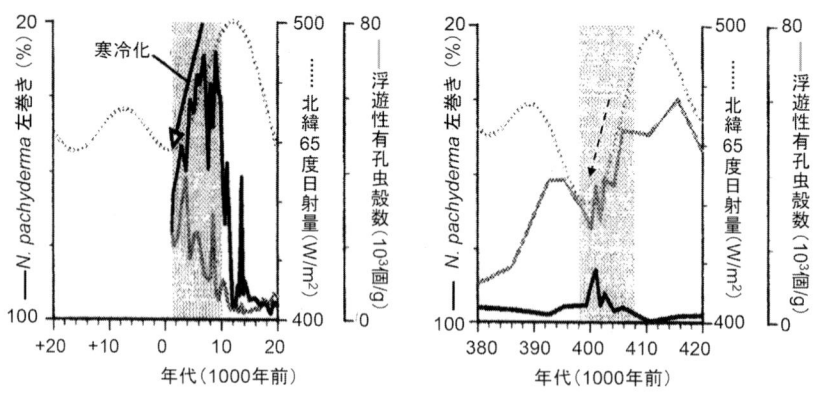

図5.12 ノルウェー海，PS1243 コアの間氷期 MIS 11 と MIS 1 における日射量変動に対する浮遊性有孔虫の反応 (Bauch et al., 2000). 灰色：間氷期モードにおいて漂流岩屑はなく，少量の全球氷床量のみが存在していた．浮遊性有孔虫 Neogloboquadrina pachyderma 左巻きは寒帯の指標種である．MIS 11 と MIS 1 において浮遊性有孔虫の変化が日射量変化と一致していない．ノルウェー海の古海洋環境は MIS 11 と MIS 1 とで異なっていた．MIS 11 に寒冷化を示す破線矢印を追加記入した．

いが，浮遊性有孔虫の亜極種 Turborotalia quinqueloba が増加している．IRD は MIS 11 と 1 の直前の氷期末期に大量に存在している．寒冷表層水がノルウェー海を占めており，温暖な大西洋表層水の流入は認められない．大西洋表層水はノルウェー海の東側に限定されていた．(3) MIS 11 の浮遊性有孔虫殻数は MIS 1 のそれに匹敵する．しかし，浮遊性と底生有孔虫の殻数は，底生有孔虫群集の種組成と同様に，MIS 11 と 1 で著しく異なる．表層水と底層水の水質が異なっていた可能性がある．(4) MIS 11 には海底面で生息している底生有孔虫が欠如しているが，MIS 1 や他の間氷期では豊富である．食物供給の沈降フラックスが異なっていた可能性がある．(5) MIS 11 と 1 で炭酸塩含有量が同じであるにもかかわらず，MIS 11 で堆積物の反射率が高い（灰色レベルが低い）のは有孔虫殻の溶解が増加したことが原因である．

　有孔虫プロキシの変動が間氷期 MIS 11 と 1 における日射量変化と著しく異なる（図5.12）．さらに，MIS 11 の浮遊性有孔虫群集は寒冷な表層海水温度を示し，ノルウェー海への温暖な大西洋表層水の流入はほとんど認めら

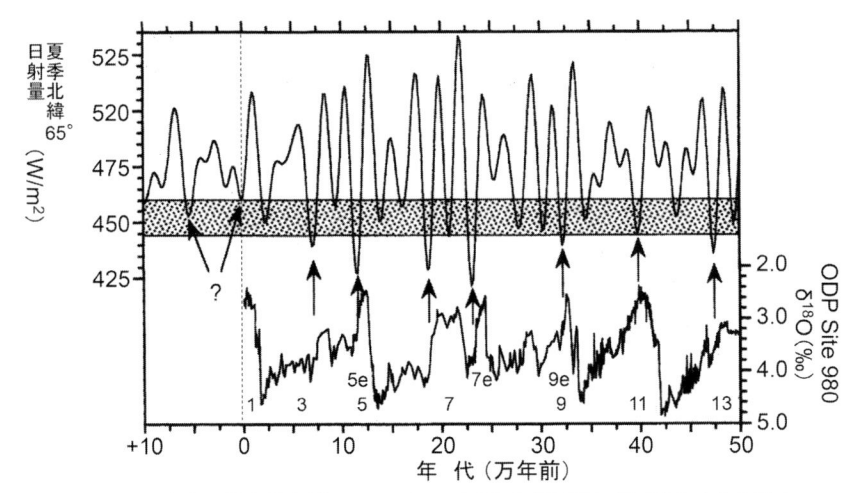

図 5.13 北大西洋高緯度域，ODP Site 980 の 50 万年前以降の底生有孔虫殻 $\delta^{18}O$ と日射量の対応関係（McManus et al., 2003）．数字：間氷期 MIS 番号．矢印は間氷期ピーク（MIS 11, 9e, 7e, 5e）後に氷河形成の開始を促した日射量極小値を示す．砂目：MIS 11 の $\delta^{18}O$ の最低値をもたらした日射量極小値と現在の日射量極小値の範囲を示す．

れない．それゆえ，MIS 11 は完新世の類似とならないおそれがあるとしている．ノルウェー海は全球気候システムにおいて重要な地域であるので，地域的海洋環境のプロキシである有孔虫群集だけでなく，全球の気候変動を反映した安定同位体比の測定が必要である．

② 高緯度域：北大西洋亜極域に位置する ODP Sites 980（55°29′N, 14°42′W；水深 2189 m）と 983（60°24′N, 23°38′W；水深 1983 m）（図 3.2）のドリフト堆積物に記録されている 50 万年前以降の地域的かつ全球の気候変動を解析する目的で，浮遊性と底生有孔虫殻の $\delta^{18}O$ による表層と深層水塊の特徴，および SST プロキシの浮遊性有孔虫 *Neogloboquadrina pachyderma*（右巻き）の相対存在量の高時間分解能解析が行われ，間氷期 MIS 11 と MIS 1 における日射量変化と比較された（McManus et al., 2003；図 5.13）．

その結果，MIS 11 には氷床のない温暖な表層海水温度が 1℃ 以上には変動しない安定した気候状態が 3 万年間継続したことが判明した．その後の氷期 MIS 10 で温度振幅が大きくなったのと対照的である．間氷期と氷期のく

5.2 気候変動の予測（過去-現在-未来）　137

り返しを通じて，南北2地点間の温度較差はほぼ一定であった．MIS 11 の有孔虫殻 δ^{18}O 変動パターンは MIS 1 のそれと類似している．氷床量（海水準），海水温度，地域の塩分，氷床の同位体成分は MIS 11 と MIS 1 で同調しており，それらの環境要素は相互に補完し合っていた．MIS 11 と MIS 1 は気候状態と安定性において著しく類似している．それゆえ，気候の外部強制力に MIS 1 と同じように反応して起こった MIS 11 における海洋環境の変動に基づいて，現在と未来の自然環境を予測することは妥当であると判断される．

　北半球夏季の日射量は1万1600年前のターミネーションI（MIS 1 のピーク）以降に減少し続け，現在 460 W/m² に留まっている．その後上昇に転じ5万年後に再び現在値となる（図5.13）．MIS 11 ではピークの直後に 445 W/m² となって氷期が始まっている．過去50万年間を通じて間氷期の後に氷期が起こったのは，日射量が 440-420 W/m² に達した時期である．現在の地球軌道では離心率が最小となっているので，次の2回の気候歳差の時期は 475 W/m² の平均値から著しく離脱しない（図5.1）．MIS 1 と将来6万年間は MIS 11 における地球軌道要素と日射量の変動に類似している．

(6) 北大西洋中緯度域の海底堆積物コアとヨーロッパ大陸の植生

　イベリア半島北西沖から採取された MD01-2447（42°09′N，09°40′W；水深2080 m）コアは42万5000年前までに達しており，北西イベリア縁辺域の花粉化石を大量に含んでいる．浮遊性有孔虫殻 δ^{18}O と浮遊性有孔虫群集による表層海水温度，IRD と底生有孔虫殻 δ^{18}O による全球氷床量，花粉分析による南西ヨーロッパの植生などに基づいて，海洋と大陸の気候変動が高時間分解能で解析された（Desprat et al., 2005；図5.14）．その結果，日射量が間氷期 MIS 11（42万3000-36万2000年前）の41万1000-40万年前で減少し，最温暖期が終了すると同時に，温暖落葉森林（オーク・シデ）が松柏樹林（マツ・モミ）に取って代わられた．それらの混合森林が40万5000-39万4000年前に拡大するとともに，森林限界線が南下した．底生有孔虫殻 δ^{18}O は40万年前に北方高緯度域で氷床形成が開始されたことを示している．MIS 11 における氷床形成には日射量の減少のみならず，39万年前まで

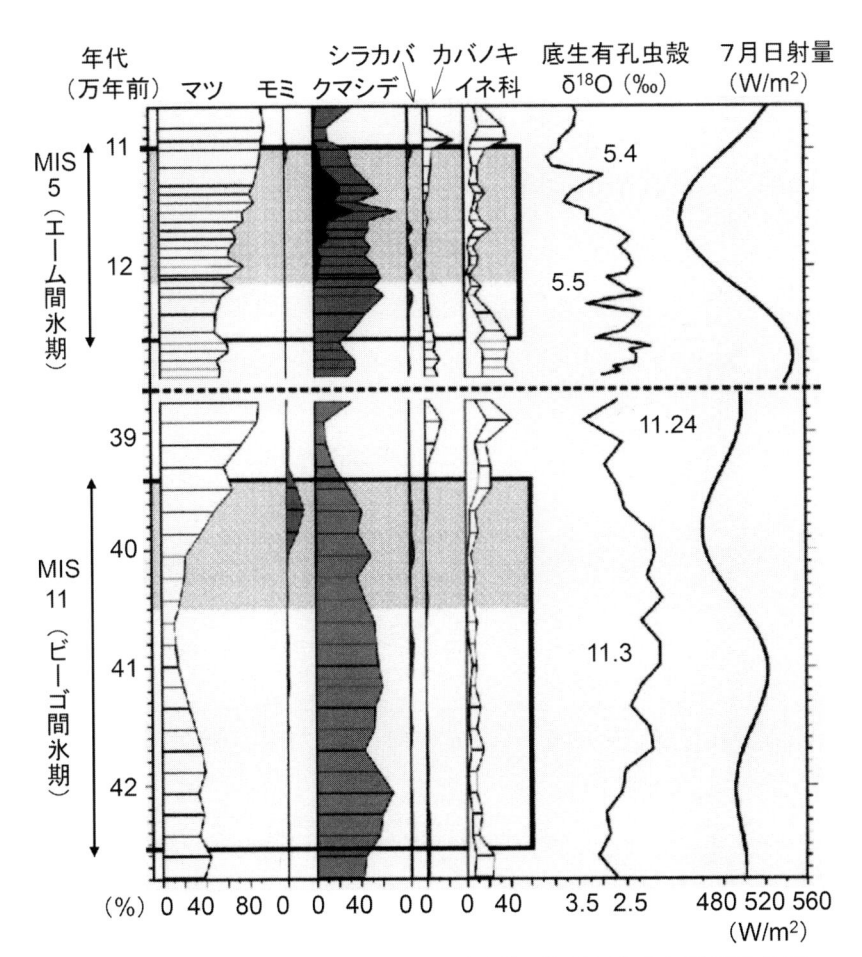

図 5.14 北東大西洋中緯度域,イベリア半島北西沖 MD01-2447 コア (MIS 11) と MD99-2331 (MIS 5) における花粉化石,底生有孔虫殻 $\delta^{18}O$,7月日射量の比較 (Desprat et al., 2005). 灰色:混合落葉(オーク・シデ)と松柏(マツ・モミ)森林帯. エーム:オランダ東部の小河川エーム川の名称. ビーゴ:スペイン北西部,マドリードの北西 482 km にあるビーゴ湾南岸の地名.

の海洋と大気の寒冷化とともに,植生帯の変化などの主要なフィードバック機構が作用している.

　ヨーロッパと北大西洋における MIS 11 の時代の気候プロキシから MIS 11 と現在とに共通する日射量減少と気候の類似性についてレビューされて

いる（Müller and Pross, 2007）．MIS 11 のサブステージ 11.3（39 万 7000 年前）に日射量が 3 万年間最低となった時期に，中央ヨーロッパ（フランス中央高地）のツンドラ-ステップ植生が拡大し，東地中海域（ギリシア）ではマツの森林が卓越してヨーロッパの間氷期気候は終了した．現在の北半球高緯度域における夏季入射量は最終氷期よりも少ない．これは歳差周期 2 万 3000 年の近日点が 1 月であることに原因している．1 万 1500 年前の MIS 1（完新世）の開始時に近日点は 7 月であり，北半球夏季の入射量は最大であった．39 万 5000 年前の入射強度と現在の入射量最小は非常に類似しているので，MIS 11 と同じように現在の間氷期が近いうちに終了してしまう可能性が指摘されている．

(7) 東赤道太平洋

東赤道太平洋の古海洋研究は，炭酸塩の飽和深度が浅いために有孔虫殻が堆積物に残りにくく，これまでは放散虫群集による解析研究（Schramm, 1985; Hays et al., 1989）が主体であった．しかし，ODP Site 846（03° 06′ S, 90° 49′ W；水深 3307 m）で回収された堆積物コアには過去 80 万年間にわたる有孔虫殻が含まれており，殻の δ^{18}O と浮遊性有孔虫群集の溶解度について高時間分解能解析が行われた（Le et al., 1995）．その結果，MIS 11, 9, 5 の間氷期は現在よりかなり温暖な亜熱帯状態であったが，氷期には冷たいペルー海流の強化にともなって南赤道海流の東端に冷たい舌状湧昇域が拡大した．浮遊性有孔虫殻は炭酸塩の溶解によって，殻の中央部に孔があき始めた後に殻の破片化が起こる．したがって，浮遊性有孔虫殻の完全個体数と殻の破片数の割合（破片指数）は，炭酸塩溶解の程度を示すプロキシとなる．破片指数は 10 万年（離心率）周期と 4 万 1000 年（地軸傾斜角）周期で変動していた．破片指数は間氷期に増加し，とくに 40 万年前の MIS 11 と完新世 MIS 1 に最高となっていた（図 5.15）．浮遊性有孔虫殻の破片化は表層水の昇温によって促進されるが，海底でも溶解していると考えられる．底生有孔虫殻数は破片指数に類似しているが，MIS 11 での増加は顕著でない．浮遊性有孔虫殻の選択的溶解と有機炭素フラックスの海底への供給が複雑に関係していると考えられる．

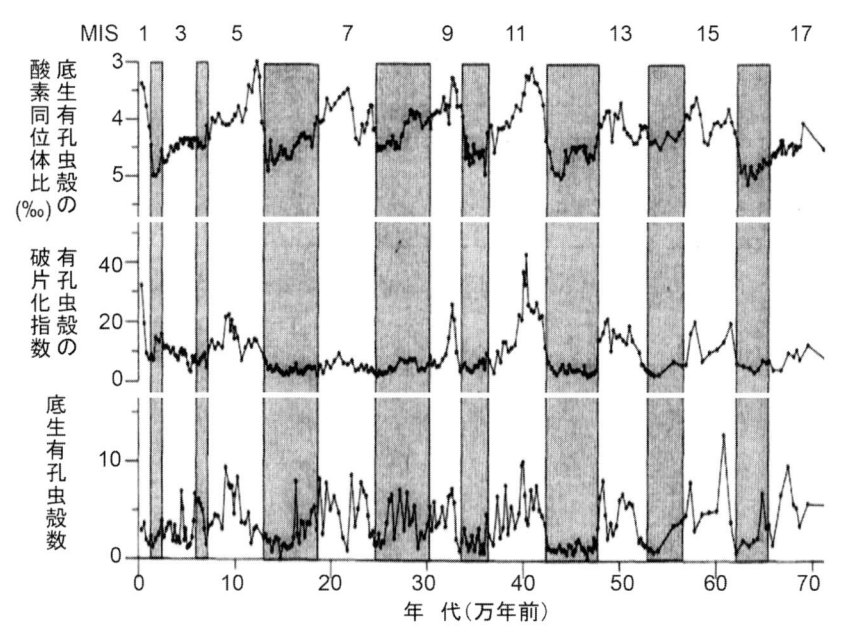

図5.15 ODP Site 846のMIS17-1（70万年前以降）における底生有孔虫殻δ^{18}O, 浮遊性有孔虫殻の破片指数（溶解度），底生有孔虫殻数の変動（Le et al., 1995を改変）.

一方，ODP Sites 846と849（0°11′N, 110°31′W；水深3851 m）の堆積物コアに記録された底生有孔虫殻δ^{18}O（Mix et al., 1995）は，MIS 2から1で1.61‰減少している．MIS 11のサブステージ11.3から11.24への移行期（寒冷化）で0.72-0.74‰増加しており，T-Sオーバープリントの0.56‰を差し引くと0.16-0.18‰となるので，これが氷床変動分となる．δ^{18}Oの0.1‰が海水準11 mの変化に相当するとすれば，サブステージ11.24での氷河量は約19 mの海水準低下となる（Ruddiman, 2005）.

(8) 東太平洋カリフォルニア沖

北カリフォルニア沖のODP Site 1020（41.0°N, 126.4°W；水深3038 m）堆積物コアにおいて，メタセコイアの花粉化石は間氷期に大量に出現し，$CaCO_3$は氷期に多い（図5.16；Lyle et al., 2000）．U$^{k'}_{37}$-SST，メタセコイア花粉化石，$CaCO_3$量，生物源シリカ量などの記録は，MIS 12から11への

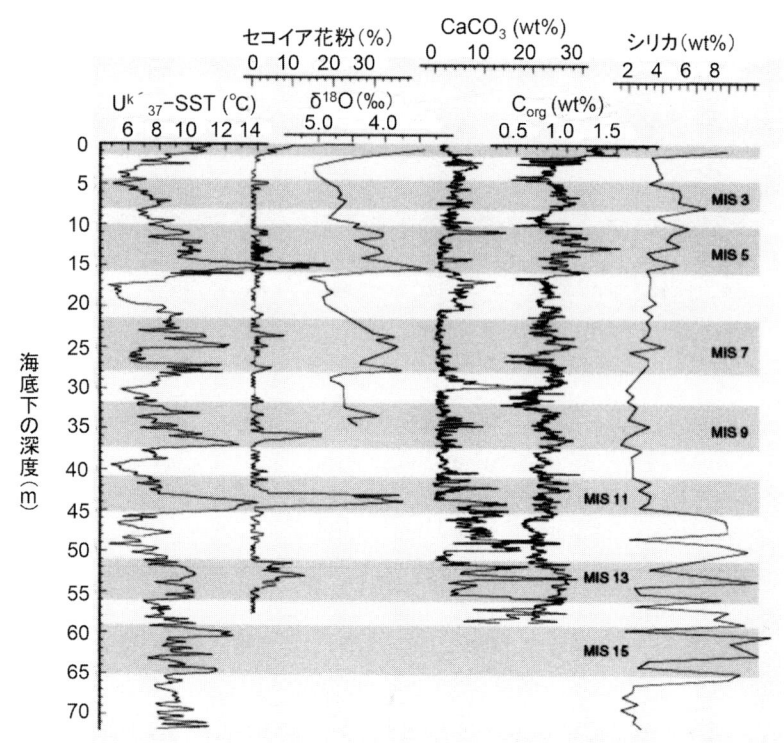

図5.16 北カリフォルニア沖，ODP Site 1020 堆積物コアの古海洋環境の変動記録（Lyle et al., 2000）．MIS 15-12（約60万-40万年前）で生物源シリカと炭酸塩量が激しく変動している．セコイアの花粉化石は間氷期に大量に出現し，$CaCO_3$ は氷期に多い．

移行期（約45万年前）で著しく変化している．MIS 12以前の氷期-間氷期の差異は $U^{k'}_{37}$-SST で3-4℃の小さな変化である．南極大陸 EDC 氷床コアの δD がステージ12（約42万年前）より下位の古い時代で振幅が小さくなるのと同様である（図5.9）．北太平洋では，古地磁気層序のブリューヌ／松山境界（約80万年前）から MIS 12（約40万年前）まで比較的温暖な期間の氷期-間氷期が継続した．しかし，$U^{k'}_{37}$-SST の変動幅は MIS 12-11 で2倍となり，それ以降において $\delta^{18}O$ のような鋸歯状の変動を示すようになる．MIS 11 より下位の古い時代の堆積速度は上位より20%低いが，$CaCO_3$ と生物源シリカの相対存在量は2倍多い．MIS 12 と 11 の境界（約45万年前）

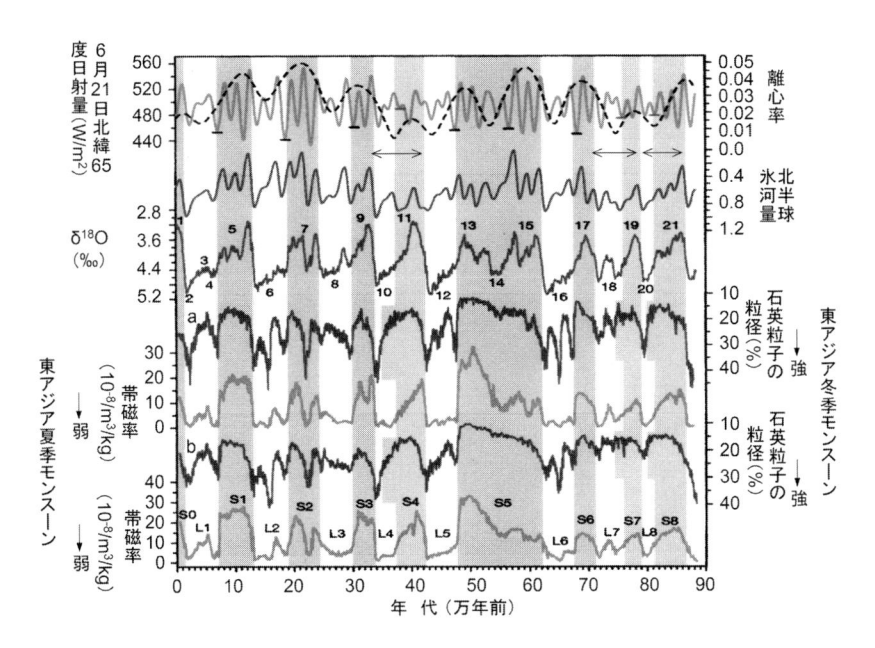

図 5.17 中国レス台地の東アジアモンスーンと他の古気候記録との比較対照 (Hao et al., 2012 を改変). a：Yimaguan レス断面. b：Luochuan レス断面. L：レス（氷期）. S：古土壌（間氷期）. 灰色帯：主要な古土壌ユニット. MIS 21-20 (S8-L8), MIS 19-18 (S7-L7), MIS 11-10 (S4-L4)：石英粒子の粒径増大の遅延変化. 矢印：日射量最小期における特徴的な間氷期-氷期.

で $CaCO_3$ と生物源シリカの大量生産の時代は終わって，上位の若い時代には陸源性砕屑物の混入が増加している．生物源堆積物の相対存在量は MIS 15（約 62 万年前）から MIS 11（約 42 万年前）までの 20 万年間に高かった．

(9) 中国レス（黄土）台地の東アジアモンスーン

中国レス台地の氷期には東アジア冬季モンスーンのプロキシである粗い石英粒子量が増加し，帯磁率（夏季モンスーンのプロキシ）は減少する（Sun et al., 2006; Hao et al., 2012；図 5.17）．一方，間氷期は弱い東アジア冬季モンスーンと強い夏季モンスーンで特徴づけられる．粒径変化の時系列は地球軌道要素の地軸傾斜角 4 万 1000 年と歳差 2 万 3000 年の周期を示し，帯磁率は離心率 10 万年と歳差 2 万 3000 年周期を示す．冬季と夏季のモンスーン・プ

ロキシが歳差周期に対して同じように対応していることは，それらが独立に進化してきたことと，異なった駆動力で支配されてきたことを示唆する．

多くの間氷期-氷期移行期（古土壌S6-レスL6，S5-L5，S3-L3，S2-L2，S1-L1）において，粒径の増加と帯磁率の減少が一致しており，冬季モンスーンの強化と夏季モンスーンの弱体が同時であったことを示している．しかし，MIS 11-10（S4-L4）移行期では，帯磁率が氷期レベルまで減少した後，細粒のレスが2万年間持続している．このような2倍の延長期間は80万年前付近のS8-L8とS7-L7にも認められる（図5.17）．北緯65°夏季の日射量との比較は，離心率周期41万3000年の最小期に日射量変動が調整されて，3回の最小値（図5.17における日射量変動曲線の矢印）以降に粒径は増加し始めている．それゆえ，これらの氷期には冬季モンスーンの短期の急速な強化によって，氷床が急速に形成されたことを示している．

間氷期MIS 21, 19, 11（古土壌S8, 7, 4）の後の3回の氷期（MIS 20, 18, 10）には，北半球氷床の形成に好ましくない温暖な夏季状態をもたらす非常に弱い歳差日射量の最小期が起こっている．また2万年間連続した細粒レスの堆積期間は，間氷期MIS 11に比較され得るような弱い冬季モンスーンの時期である．約40万年前の間氷期MIS 11に東アジア冬季モンスーンは弱まって，シベリア高気圧が雪氷の蓄積を抑えたために，長期の非氷河状態となり北半球高緯度域に温和な気候が続いた．その後，東アジアモンスーンは北半球高緯度域において縮小した氷床範囲と連動して，MIS 10前期において弱い冬季モンスーンとシベリア高気圧を持続させて非氷河状態を継続させた．

5.3 未来予測のモデル・シミュレーション

自然の気候フォーシングと区別した人類活動による気候システムへの影響を査定して未来の気候変化を予測するためには，自然フォーシングの仕組みと変動を過去から現在への時系列において解析することである．それは古気候のモデル実験によるシミュレーション計算にほかならない．モデル実験を確実にする手段は，データベースとしての現在の気候変化を観測し測定する

とともに現間氷期（完新世）あるいは幾分温暖で大陸氷床が少なかった過去の類似した地質時代を十分に解析することが必要不可欠である．

(1) LLN 2-D NH（Louvain-la-Neuve で作成した北半球の大気と海洋の混合層，海氷，氷床，雪原，陸面と，それらの相互作用による高度-緯度に基づく2次元気候モデル）のシミュレーション：Loutre（2003）

気候は大気中 CO_2 濃度の影響を受けるほかに，日射フォーシングの振幅変動に著しく支配される．大気上部における日射量の変動は3つの軌道パラメータ：離心率（e），地軸傾斜角（ε），気候歳差（$e \sin \omega$）から計算される．気候はすべての緯度と時間における日射フォーシングに反応しているが，解析の基準として一般に65°N 6月が使われる．MIS 11（42万3000-36万2000年前）の65°N 6月における離心率は非常に小さい．気候歳差は離心率によって振幅が調整されるので，MIS 11 の日射量変動の振幅は約60 W/m^2 であるが，離心率が大きい MIS 5 では 107 W/m^2 より大きくなる（図5.17）．同じように現在から5万年後までの日射量変動の振幅は 30 W/m^2 より小さい．MIS 11 と未来における日射量変動の振幅が著しく類似するのは，37万年前と3万年後の離心率40万年周期が最小であることに起因する（図5.1）．

ボストーク氷床コア中の大気 CO_2 量は氷期から間氷期へ 180 ppm から 280-300 ppm へ急増するが，間氷期から氷期へ CO_2 量が減少する時は漸移している（図5.18）．これは CO_2 量の変動において10万年周期が優勢であることに起因する．大気中 CO_2 濃度は大気-海洋-土壌-陸上生物などの複雑な炭素貯蔵サイクルの過程を経て気候に影響を与えている．LLN 2-D NH 気候モデルでは異なった CO_2 量を併合させてシミュレートさせている．

MIS 11 間氷期の長さを確定するために異なった日射量と CO_2 量の条件でシミュレートさせた結果，日射量と CO_2 量がともに減少して寒冷化気候へ向かう場合にのみ気候は急速に氷河期となり，間氷期は短くなった．各々のフォーシングのみでは気候システムを氷河期へ駆動することができないので，間氷期が継続する．日射量は1万1000年前以降減少しており，CO_2 量は過去8000年間を通じて増加傾向にあり 260 ppm 以上に増加している．長い間

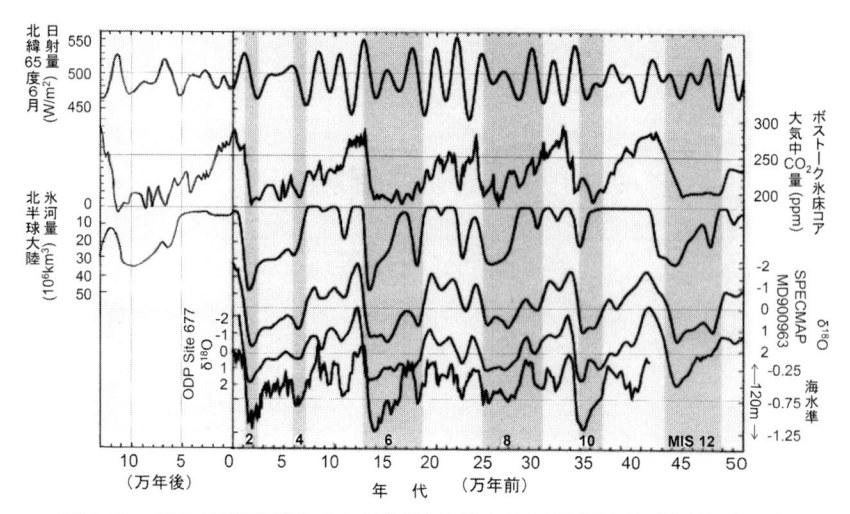

図5.18 過去50万年前から未来13万年後までの日射量と地球環境要素の変動（Loutre, 2003を改変）．MD900963：モルジブ海，熱帯インド洋．ODP Site 677：東熱帯太平洋．未来のCO_2量はボストーク氷床コア中のCO_2量を未来へ13万1000年移動させた．未来の北半球氷河量は日射量とCO_2量に基づくLLN 2-D NH気候モデルによるシミュレーション結果である．

氷期が未来へシミュレートされており，地球は5万年後まで氷河期とならない（図5.18）．その後，氷河量は10万年後に最大となるまで増加する．

(2) LLN 2-D NH気候モデルのシミュレーション：Loutre and Berger(2003)
MIS 11（40万5000-34万年前），MIS 5（13万-6万5000年前），現在と未来（5000年前〜6万年後）の期間における日射量，表層温度，大陸氷床量の3つのパラメータによるシミュレーションを計算している．ボストーク氷床コア中のCO_2濃度の変動からMIS 5の結果を13万1000年移動させて未来（5000年前〜6万年後）の大気中CO_2濃度としている（図5.19）．

MIS 11と未来の北半球における大陸氷床量との差は少なく，年間の平均気温の違いもほとんどない．一方，MIS 5と未来との比較では氷床量の変動が大きく異なる．さらに，MIS 5とMIS 11の比較によると，高いCO_2濃度が長期間にわたって継続した場合でも，日射量変動の振幅がMIS 11のように小さければ氷床拡大は抑えられた．今から5万年後，あるいはそれ以上

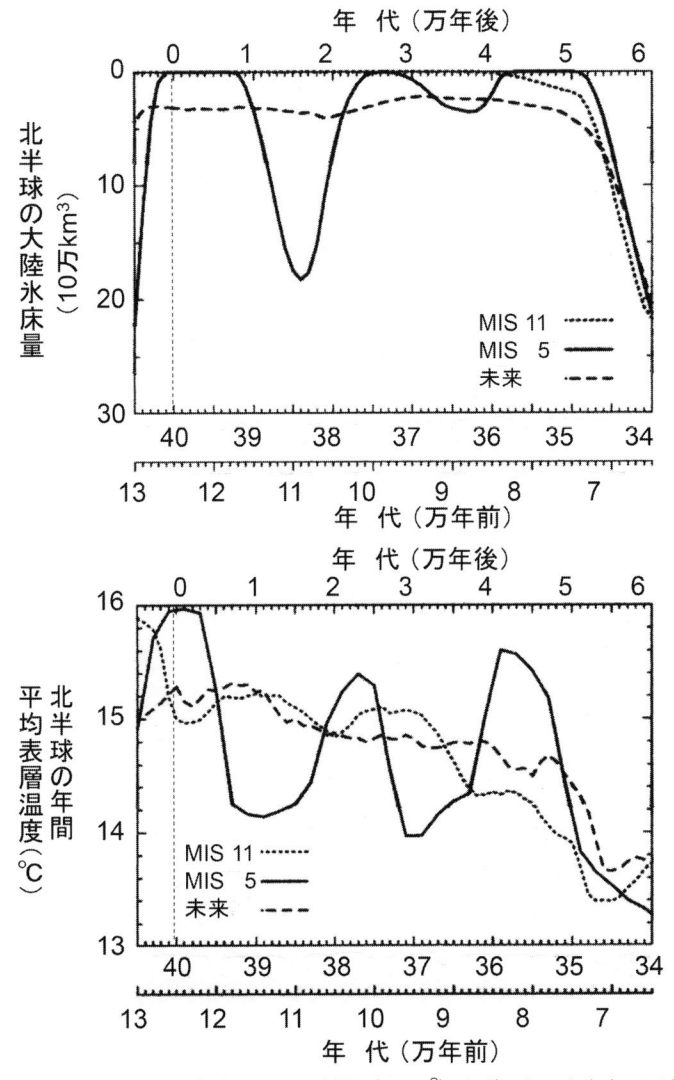

図 5.19 上：7月中旬北緯 65°の日射量（W/m²）とボストーク氷床コア中の CO₂ 濃度（ppm）に基づいた LLN 2-D NH 気候モデルのシミュレーションによる MIS 11, MIS 5, 近未来の北半球における大陸氷床量．下：同じく北半球における年間平均表層温度（℃）（Loutre and Berger, 2003）.

5.3 未来予測のモデル・シミュレーション

先の時代は地球軌道要素（離心率，地軸傾斜角，気候歳差）の変動振幅は小さくなり，気候変動に対するCO_2やCH_4の温室効果ガス濃度の寄与が相対的に大きくなる．自然由来のCO_2濃度の変動に人類活動による効果が付加されることを考慮した予測シナリオは，全球温暖化によって数百年以内にグリーンランド氷床がすべて溶解することを示している（Loutre and Berger, 2003）．

しかし，北半球氷河時代が始まった275万年前以降の全期間を通して，6万年もの長期間継続した間氷期は存在していない．275-90万年前の氷床量が少なかった期間でさえ，氷床は主に4万1000年周期による拡大と後退をくり返してきた．したがって，Loutre and Berger（2003）の気候モデルの結果は地質学的記録に合致していないのみならず，自然の気候システムが考慮されていないとの意見（Ruddiman, 2005）がある．

(3) LLN 2-D NH気候モデルとLGGE 3-D氷床モデルのシミュレーション：Raynaud et al.（2003）

LLN 2-D NH気候モデルのシミュレーションによって，MIS 11から10への移行期（ターミネーションV）に，日射量と大気CO_2濃度との相互作用に反応して北半球の大陸氷床が後退したことが確かめられた（図5.20）．MIS 11では日射量が少ないため日射量のみでは間氷期MIS 11から氷期MIS 10への移行を説明できない．間氷期における氷床を減少させるためには大量のCO_2濃度を必要とするが，その後の氷床の発達には少量のCO_2濃度でよい．すなわち，気候システムは大気中CO_2濃度の変化に著しく依存しており，CO_2濃度による強制力（フォーシング）は日射量の強制力に十分に対応し得る．日射量と大気中CO_2濃度の相互作用が間氷期-氷期の周期性を生成していることが確認された．間氷期の長さは2つの気候フォーシング（日射量と大気中CO_2濃度）間のタイミングが一致する度合いに依存している．

LGGE 3-D（南極大陸の内陸氷河，氷流，棚氷などの氷床流動と温度との相互作用を考慮した時間に依存した3次元氷床モデル）のシミュレートによって，気候フォーシング（海底堆積物コアに記録された海洋SPECMAPの

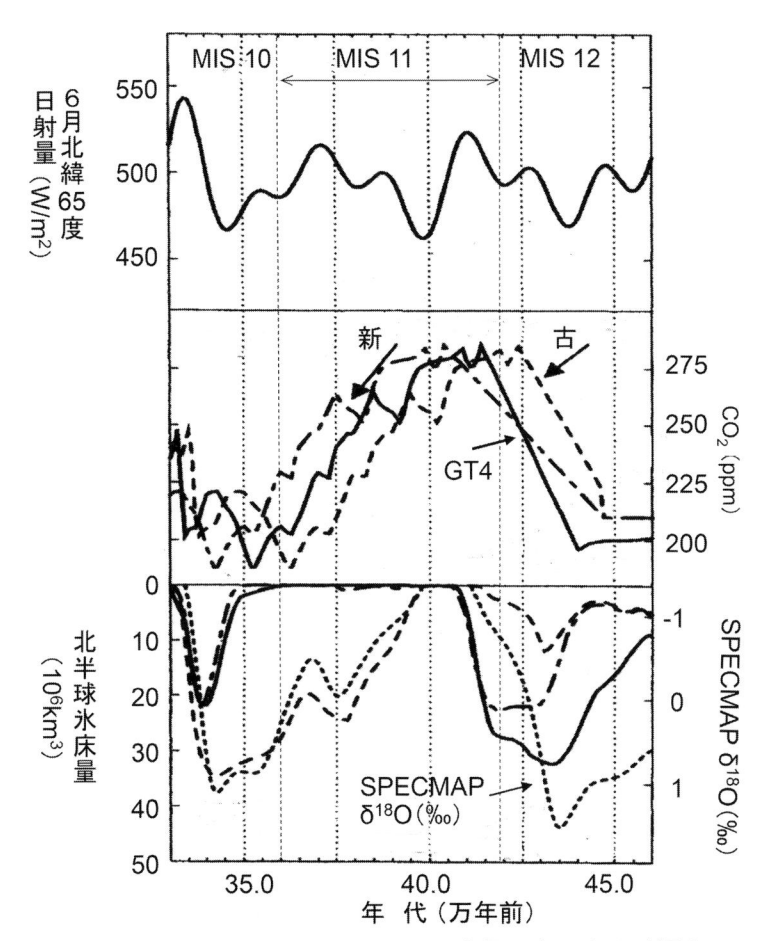

図 5.20 MIS 12-10 における LLN 2-D NH 気候モデルによる日射量と CO_2 濃度に基づく北半球大陸氷床量の変動（Raynaud et al., 2003 を改変）．実線はボストーク氷床の流動と積雪を考慮した年代尺度（GT4）である．この GT4 に対し破線は 1 万年古く，破点線は 1 万年若い．MIS 11 の後半で日射量は増加するが，1 万年若い年代と SPECMAP 年代スケールで CO_2 濃度が減少して氷床量は増加している．

$δ^{18}O$ による海水準変動とボストーク氷床コアに記録された温度）に反応した南極氷床の安定性が南極氷床の幾何学と物理特性の進化に基づいて検討された．その結果，MIS 11 で南極氷床が現在よりわずかに多い氷床量となり，5 m の海水準上昇が示された．しかし，MIS 11 に海水準が現在より 20 m

高かったこと（Kindler and Hearty, 2000）に対しては，南極大陸全体が非常に乾燥していたと仮定するか，あるいは東南極からの氷床流出を想定しなければならないが，この2つでは20 mの海水準上昇を説明できないとしている．

(4) MoBidiC（大陸気温，海面温度，熱塩循環，海氷面積，海洋と植生の変化などを考慮した気候モデル）のシミュレーション：Desprat et al. (2005)

植生モデルと海洋ダイナミックを考慮したMoBidiC気候モデルが間氷期MIS 11（約40万年前）についてシミュレートされた（図5.21）．この予備結果の感度は十分でないが，北極海において海氷面積が増加するにつれて，北半球高緯度域の森林面積が著しく減少して，40万年前の早い時期に氷床が形成された．CO_2濃度と日射量のみを考慮したLLN 2-Dモデルのシミュレーションによる MIS 11 の5万年間に，氷床はなかったとする結果（例えば Loutre and Berger, 2003）と一致しない．MIS 11 の大陸は現在より湿潤で，温度は場所によって異なるが，現在に類似している．大陸における気候記録の正確な年代付けが不備であるために大陸と海洋の正確な対比ができないので，陸上のデータを収集し充実するべきである．しかし，日射量の減少による植生の変化やアルベドの変化などが氷床形成のトリガーとして作用した可能性が考えられるので，日射量が減少したMIS 11や現在の間氷期（MIS 1）をベースにした未来の気候予測には，氷床形成のフィードバック機構として植生や熱塩循環，南極海の水塊や対流帯の南方への移動などが考慮されるべきであるとしている（Desprat et al., 2005）．

(5) GENESIS 2（全球の環境と生態系の相互作用システムにおけるシミュレーション 2）気候モデルのシミュレーション：Ruddiman et al.(2005)

「氷床形成の遅延」仮説（Ruddiman et al., 2005）を検証するために，大気中のCO_2とCH_4濃度が推定された自然レベルまで減少されてシミュレートされた．その結果，人類が温室効果ガスを放出しなければ全球気温は現在より年平均で2℃の寒冷となる．この値は典型的な間氷期と氷期の差異の1/3

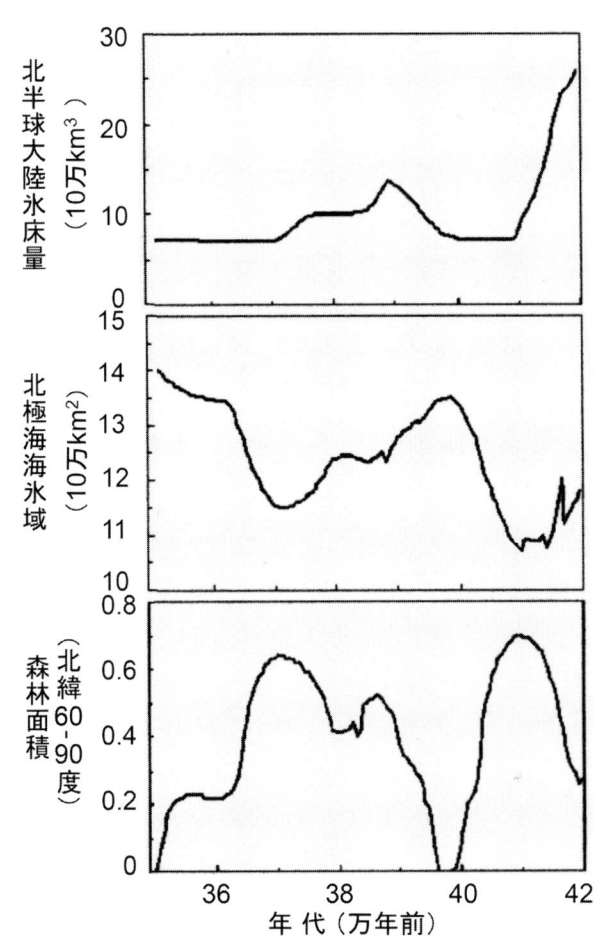

図 5.21 42-35 万年前の MoBidiC モデルによるシミュレーション (Desprat et al., 2005).

に相当し (Mix et al., 2001), 現在の CO_2 濃度を2倍にした場合に起こる温暖化の80%に相当する (Thompson and Pollard, 1997). したがって, 人類による温室効果ガスの放出がなければ, 現在の気候はすでに氷床が再形成される氷期に向かっているのである.

ボストーク氷床コアの δD によるモデルのシミュレーションは, 南半球高緯度域で著しい寒冷化を示す. 南方海での寒冷化は年平均3-4℃, 南極氷床

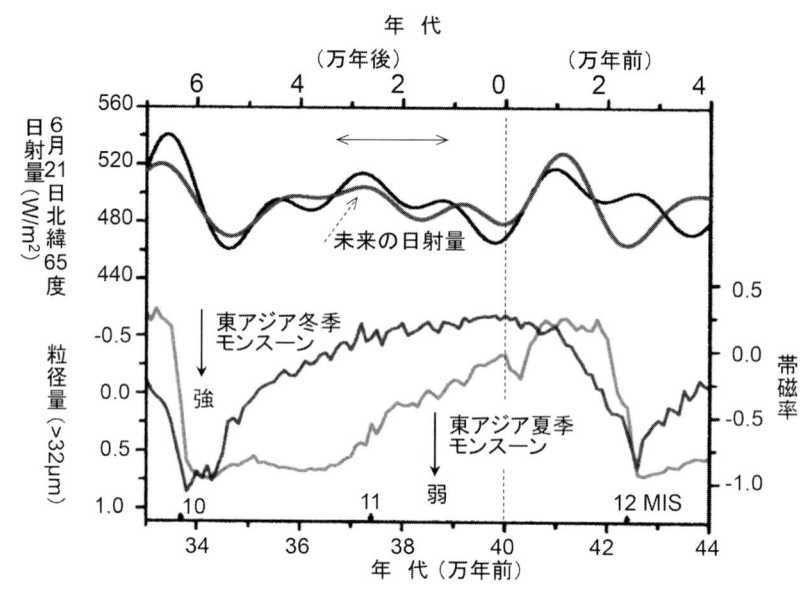

図 5.22 MIS 11-10 の夏季日射量と現在〜未来の日射量の類似に基づき，MIS 12-10 の東アジアモンスーン（冬季，夏季）変動を未来に投影（Hao et al., 2012 を改変）．未来の 1 万-3 万 5000 年後の日射量は MIS 12-10 より弱くなる可能性がある（矢印）．2 回の歳差サイクルに相当する未来の 4 万年間は依然として非氷河モードのままである．

では 7℃ より低い寒冷化である．北半球における氷河の形成は北アメリカ大陸の一部地域に限定される．さらに，氷河の出現と消失は同じ場所でのくり返しである．なぜなら，氷河は日射量と温室効果ガス濃度の変動によって制御される氷河の削剝と沈積のマスバランスの結果であるからである．バッフィン島は 1 年中雪で覆われ，ラブラドルの高所では 1 年の 11 ヶ月間雪が覆う．ハドソン湾やフォクス海盆では 11 ヶ月にわたって海氷が広がり氷床形成をうながす．しかし，低地における早期の氷床化はない．現在は更新世の開始時期に形成が始まった氷床の形成と拡大が停止しているか，あるいは遅れている状態であり，「氷床形成の遅延」が確認されるとしている．

この GENESIS 2 モデルのシミュレーションには植生やアルベド，風力駆動や熱塩循環などによるフィードバック効果が含まれていない．寒冷な温度や晩春までの厚い雪カバーなどのフィードバック効果は夏季まで雪カバーを

長期間継続させて氷河形成を促進する．氷河，植生，海洋，それらとのフィードバックなどを含めた総合的なシミュレーションが時系列において試行されることが必要である．

(6) 東アジアモンスーンの変動に基づく未来予測：Hao *et al.* (2012)

　　MIS 11 (40万5000-34万年前) と現在～未来 (5万年前～6万年後) の北緯65°における日射量が最小値になること (Loutre and Berger, 2003) に基づき, MIS 12-9の東アジア (冬季, 夏季) モンスーンのプロキシ記録が現在～未来 (4万年前～7万年後) に当てはめられた (図5.22). その結果, 1万-3万5000年後の日射量はMIS 12-10より弱くなる可能性がある. 2万5000年前の最終氷期を考慮し, 2回の歳差周期に相当する未来の4万年間は, 人間による温室効果ガスの急速な増加を考慮しなくても, 依然として非氷河モードのままであると予測している.

おわりに

　近年の自然環境は，人類が放出し続けてきた温室効果ガスの増加によって，「温室型」地球への移行が加速している．「温室型」地球への移行傾向が原因となって，気象や気候の変化は突発的かつ地域的となって予測を困難にしている．さらに，近未来の気候状態を予測するためのモデル設定やモデルにおいて，極めて重要な北半球中緯度域のデータに北西太平洋のデータがほとんど組み入れられていない．この現状は，ここに位置するわが国がデータを積極的に構築して提供する責任を果たしていないからである．この分野の研究は1968年から継続されている深海掘削計画によって海底堆積物を掘削・回収した堆積物コアの国際的な総合研究に基づいている．しかし，わが国ではIODPの3船体制が実施されるまでほとんど手つかずの状態であった．IODP第一期（2003-2013年）で，アメリカ合衆国が提供するライザーレス掘削船「ジョイデス・レゾリューション」が「地球環境変動の解明」を目的として活動してきた．しかし，それだけでは十分でないことは明白である．沈滞しているわが国の古海洋研究の現状を改善して，過去〜未来の地球環境に関する実質的研究が急務である．

　IODP第二期（2013-2023年）における新しい科学プランは，「地球の過去・現在・未来を解明する」である．地球の過去から現在への進化の過程をよく理解することは，自然のありのままの状態を知り，現在と未来に対するさまざまな計画や対策を立てる時に，われわれが何をなすべきかを決める大きな手助けとなる．われわれは何よりもまず地球の変化や変動と変遷を知らなければならない．具体的には，古環境，地質災害，地下生物圏と地下帯水層，固体地球，技術開発などである．古環境の分野では，現在に類似した過去の「温室型」地球を地質学的に精査する必要がある．とくにわが国で研究がおくれている460-310万年前の日本と日本周辺海域の古環境に関するデータを早急に見直し整備して提供しなければならない．さらに，未来予測の基

盤データとなっている40万年前のMIS 11（ターミネーションV）と13万年前のMIS 5（ターミネーションII）に関わる北西太平洋中緯度域における詳細なデータとそれに基づくモデル・シミュレーションの結果を提供しなければならない．

　経済状況が厳しくなり，公的活動の公開と成果の社会への還元が問われている．海底堆積物コアを積極的に用いた研究活動と社会への研究成果の普及活動を積極的に行うことが必要である．わが国の既存学会は時勢に適合した研究活動による成果を社会や諸外国へ提供することが求められていることを自覚する必要がある．本書では，北西太平洋中緯度域の過去500万年間の気候変動を中核として，関連した分野の研究成果を解説してきた．興味のある部分については，引用文献を参照してさらに進展されることを希望する．最も重要である約1万年前に始まった現在の間氷期（完新世）の環境変動については，気候変動と文明の盛衰との関連性も含めて，前著『珪藻古海洋学―完新世の環境変動』に詳述してある．合わせて熟読していただきたい．

　本書を刊行できたのは，平成26年度科学研究費補助金（研究成果公開促進費）の交付によってである．所管の独立行政法人日本学術振興会の関係者にお礼を申し上げたい．本書のための文献入手には山本浩文氏にたいへんお世話になった．マリオン・デュフレーヌ号の資料は大場忠道氏と入野智久氏から得た．草稿を谷村好洋，渡邉 剛，原田尚美の各氏に読んでいただいた．とくに渡邉 剛氏からは若い研究者の視点から解説すべき箇所の指摘を，原田尚美氏からは懇切丁寧なご意見と読みやすくするためのご指摘をいただいた．北海道大学に奉職した10年間に古海洋学の研究と教育を行い，2001年9月にはアジア-太平洋地域で最初の第7回「国際古海洋学会議」（7th ICP）を開催できた．東京大学出版会編集部の小松美加氏からは科研費申請から出版にいたるまで，また住田朋久氏には編集にご尽力をいただいた．最後に研究と教育を支えてくれた家族に感謝する．皆様方にはたいへんお世話になったことを厚く御礼を申し上げる．

2014年秋

小泉　格

引用文献

Alley, R.B., 1998. Icing the North Atlantic. *Nature*, **392**, 335-337.
Alley, R.B., 2003. Raising paleoceanography. *Paleoceanography*, **18**, 1085. doi:10.1029/2003PA000942.
馬場悠男, 2000. ホモ・サピエンスはどこから来たか―ヒトの進化と日本人のルーツが見えてきた！, KAWADE夢新書, 280頁.
Balco, G., Rovey, II, C.W., and Stone, J.O.H., 2005. The first glacial maximum in North America. *Science*, **307**, 222.
Barron, J.A., 1992. Pliocene paleoclimatic interpretation of DSDP Site 580 (NW Pacific) using diatoms. *Mar. Micropaleontol.*, **20**, 23-44.
Barron, J.A., 1998. Late Neogene changes in diatom sedimentation in the North Pacific. *J. Asian Earth Sci.*, **16**, 85-95.
Barron, J.A., 2003. Planktonic marine diatom record of the past 18 m.y.: appearances and extinctions in the Pacific and Southern Oceans. *Diatom Res.*, **18**, 203-224.
Barron, J.A., and Anderson, L., 2010. Enhanced Late Holocene ENSO/PDO expression along the margins of the eastern North Pacific. *Quaternary Int.*, **235**, 3-12.
Barron, J.A., Lyle, M., and Koizumi, I., 2002. Late Miocene and early Pliocene biosiliceous sedimentation along the California margin. *Revista Mexicana de Cincias Geológicas*, **19**, 161-169.
Barron, J.A., Bukry, D., and Field, D., 2010. Santa Barbara Basin diatom and silicoflagellate response to global climate anomalies during the past 2200 years. *Quaternary Int.*, **215**, 34-44. doi:10.1016/ j.quaint. 2008.08. 007.
Bartoli, G., Sarnthein, M., Weinelt, M., Erlenkeuser, H., Garbe-Schönberg, D., and Lea, D.W., 2005. Final closure of Panama and the onset of northern hemisphere glaciation. *Earth Planet. Sci. Lett.*, **237**, 33-44, doi:10.1016/j.epsl.2005.06.020.
Bauch, H.A., Erlenkeuser, H., Helmke, J.P., and Struck, U., 2000. A paleoclimatic evalustion of marine oxygen isotope stage 11 in the high-northern Atlantic (Nordic seas). *Glob. Planet. Change*, **24**, 27-39.
Beaufort, L., de Garridel-Thoron, T., Mix, A.C., and Pisias, N.G., 2001. ENSO-like forcing on oceanic primary production during the late Pleistocene. *Science*, **293**, 2440-2444.
Berger, A., and Loutre, M.F., 1991. Insolation values for the climate of the last 10 million years. *Quaternary Sci. Rev.*, **10**, 297-317.
Berger, A., and Loutre, M.F., 2002. An exceptionally long interglacial ahead?. *Science*, **297**, 1287-1288, doi:10.1126/science.1976120.
Berger, W.H., and Wefer, G., 2003. On the dynamics of the Ice Ages: Stage-11 paradox, mid-Brunhes climate shift, and 100-ky cycle. Earth's Climate and Orbital Eccentricity: The Marine Isotope Stage 11 Question. *Geophys. Monogr.*, **137**, 41-59.
Birchfield, G. E., and Gurmbine, R.W., 1985. "Slow" physics of large continental ice sheets, the underlying bedrock and the Pleistocene Ice Ages. *J. Geophys. Res.*, **90**, 11294-11302.
Bleil, U., 1985. The magnetostratigraphy of northwest Pacific sediments, Deep Sea Drilling Project Leg 86. In Heath, G.R., Burckle, L.H., *et al.* (eds.) *Init. Repts. DSDP*, **86**, 441-458, Washington (U.S.

Govt. Printing Office).
Blunier, T., Chappellaz, J., Schwander, J., Stauffer, J., and Raynaud, D., 1995. Variations in atmospheric methane concentrations during the Holocene epoch. *Nature*, **374**, 46-49.
Bond, G., and Lotti, R., 1995. Iceberg discharges into the North Atlantic on millennial time scales during the last glaciation. *Scinece*, **267**, 1005-1010.
Bond, G., Broecker, W., Johnsen, S., McManus, J., Labeyrie, L., Jouzel, J., and Bonani, G., 1993. Correlations between climate records from North Atlantic sediments and Greenland ice. *Nature*, **365**, 143-147.
Brierley, C.M., and Fedorov, A.V., 2010. Relative importance of meridional and zonal sea surface temperature gradients for the onset of the ice ages and Pliocene-Pleistocene climate evolution. *Paleoceanogarphy*, **25**, PA2214, doi:10.1029/2009/2009PA001809.
Brierley, C.M., Fedorov, A.V., Liu, Z., Herbert, T.D., Lawrence, K.T., and LaRiviere, J.P., 2009. Greatly expanded tropical warm pool and weakened Hadley circulation in the early Pliocene. *Science*, **323**, 1714-1718.
Broecker, W.S., and Denton, G.H., 1989. The role of ocean-atmosphere reorganizations in glacial cycles. *Geochim. Cosmochim. Acta*, **53**, 2465-2501.
Broecker, W.S., Bond, G., MacManus, J., Klas, M., and Clark, E., 1992. Origin of the Northern Atlantic's Heinrich events. *Clim. Dyn.*, **6**, 265-273.
バローズ, W.J. 著, 松野太郎監訳, 大淵 済・谷本陽一・向川 均訳, 2003. 気候変動―多角的視点から. シュプリンガー・フェアラーク東京, 371 頁.
Cane, M.A., and Molnar, P., 2001. Closing of the Indonesian seaway as a precursor to east African aridification around 3-4 million years ago. *Nature*, **411**, 157-162.
Cao, L.-Q., Arculus, R.J., and McKelvey, B.C., 1995. Geochemistry and petrology of volcanic ashes recovered from Sites 881 through 884: a temporal record of Kamchatka and Kurile volcanism. In Rea, D.K., Basov, I.A., Scholl, D.W., and Allan, J.F. (eds.) *Proc. ODP, Sci. Results*, **145**, 345-381, College Station, TX: Ocean Drilling Program.
Charlson, R.J., Schwarz, S.E., Hales, J.M., Cess, R.D., Coakley, J.A., Hansen, J.E., and Hoffman, D.J., 1992. Climate forcing by anthropogenic aerosols. *Science*, **255**, 423-430.
Clement, A.C., Seager, R., and Cane, M.A., 1999. Orbital controls on the El Niño/Southern Oscillation and the tropical climate. *Paleoceanography*, **14**, 441-456.
Creager, J.S., Scholl, D.W., *et al.*, 1973. *Init. Rep. DSDP.*, **19**, 1-913, Washington D.C. (U.S. Govt. Printing Office).
Cronin, T.M., and Dowsett, H.J. (eds.), 1991. Pliocene climates. *Quaternary Sci. Rev.*, **10**, 1-296.
Dansgaard, W., Johnsen, S.J., Clausen, H.B., Dahl-Jensen, D., Gunderstrup, N., Hammer, C.U., and Oeschger, H., 1984. North Atlantic climatic oscillations revealed by deep Greenland ice cores. In Hansen, J.E., and Takahashi, T. (eds.) *Climate Processes and Climate Sensitivity*. 288-298, Amer. Geophy. Union.
Dansgaard, W., Johnsen, S.J., Clausen, H.B., Dahl-Jensen, D., Gunderstrup, N., Hammer, C.U., Hividgerg, C.S., Steffensen, J.P., Sveinbjornsdottir, A.E., Jouzel, J., and Bond, G., 1993. Evidence for general instability of past climate from 250-kyrice core record. *Nature*, **364**, 218-220.
Dekens, P.S., Ravelo, A.C., and McCarthy, M.D., 2007. Warm upwelling regions in the Pliocene warm period. *Paleoceanography*, **22**, PA3211, doi:10.1029/2006PA001394.
Dersch, M., and Stein, R., 1992. Pliocene-Pleistocene fluctuations in composition and accumulation rates of edo-marine sediments at Site 798 (Oki Ridge, Sea of Japan) and climatic change: preliminary results. In Pisciotto, K.A., Ingle, J.C., Jr., von Breymann, M.T., Barron, J., *et al.* (eds.)

Proc. ODP, Sci. Results, 127/128, Pt. 1, 409-422, College Station, TX: Ocean Drilling Program.

Dersch, M., and Stein, R., 1994. Late Cenozoic records of eolian quartz flux in the Sea of Japan (ODP Leg 128, Sites 798 and 799) and paleoclimate in Asia. *Palaeogeogr. Palaeoclimatol. Palaeoecol.*, **108**, 523-535.

Desprat, S., Goñi, M.F.S., Turon, J.-L., McManus, J.F., Loutre, M.F., Duprat, J., Malaizé, B., Peyron, O., and Peypouquet, J.-P., 2005. Is vegetation responsible for glacial inception during periods of muted insolation changes?. *Quaternary Sci. Rev.*, **24**, 1361-1374, doi:10.1016/j.quascirev.2005.01.005.

de Vernal, A., and Hillaire-Marcel, C., 2008. Natural variability of Greenland climate, vegetation, and ice volume during the past million years. *Science*, **320**, 1622-1625, doi:10.1126/scince.1153929.

Dickens, G.R., and Barron, J.A., 1997. A rapidly deposited pinnate diatom ooze in Upper Miocene-Lower Pliocene sediment beneath the North Pacific polar front. *Mar. Micropaleontol.*, **31**, 177-182.

Ding, Z.L., Derbyshire, E., Yang, S.L., Sun, J.M., and Liu, T.S., 2005. Stepwise expansion of desert environment across northern China in the past 3.5 Ma and implications for monsoon evolution. *Earth Planet. Sci. Lett.*, **237**, 45-55, doi:10.1016/j-epsl-2005.06.036.

Dowsett, H.J., and Robinson, M.M., 2009. Mid-Pliocene equatorial Pacific sea surface tempreture reconstruction: a multi-proxy perspective. *Phil. Trans. R. Soc. A*, **367**, 109-125, doi:10.1098/rsta.2008.0206.

Dowsett, H.J., Cronin, T.M., Poore, R.Z., Thompson, R.S., Whatley, R.C., and Wood, A.M., 1992. Micropaleontological evidence for increased meridional heat transport in the North Atlantic ocean during the Pliocene. *Science*, **258**, 1133-1135, doi:10.1126/science.258.5085.1133.

Droxler, A.W., Poore, R.Z., and Burckle, L., 1999. Data on past climate warmth may led to better model of warm future. *EOS, Trans. Am. Geophys. Union*, **80**, 289-290.

Droxler, A.W., Alley, R.B., Howard, W.R., Poore, R.Z., and Burckle, L.H., 2003. Unique and exceptionally long interglacial Marine Isotope Stage 11: window into earth future climate. Earth's Climate and Orbital Eccentricity: The Marine Isotope Stage 11 Question. *Geophys. Monogr.*, **137**, 1-14.

EPICA community members, 2004. Eight glacial cycles from an Antarctic ice core. *Nature*, **429**, 623-628, doi:10.1038/nature02599.

Fedorov, A.V., Brierley, C.M., and Emanuel, K., 2010. Tropical cyclones and permanent El Niño in the early Pliocene epoch. *Nature*, **463**, 1066-1071, doi:10.1038/nature08831.

Filippelli, G.M., 1997. Intensification of the Asian monsoon and a chemical weathering event in the late Miocene-early Pliocene: implications for late Neogene climate change. *Geology*, **25**, 27-30.

Ford, H.L., Ravelo, A.C., and Hovan, S.A., 2010. Cooling subsurface temperatures in the Eastern Equatorial Pacific during the Pliocene and linkages to global cooling. *Am. Geophy. Union, Fall Meeting 2010*, abstract #PP11G-04.

Fronval, T., Jansen, E., Bloemendal, J., and Johnsen, S., 1995. Oceanic evidence for coherent fluctuations in Fennoscandian and Laurentide ice sheets on millennium timescales. *Nature*, **37**, 443-446.

Gradstein, F., Ogg, J., and Smith, A. (eds.), 2004. *A Geologic Time Scale 2004*. 469-484, Cambridge Univ. Press.

GRIP Members, 1993. Climate instability during the last interglacial period recorded in the GRIP ice core. *Nature*, **346**, 203-207.

Gupta, A.K., and Thomas, E., 2003. Initiation of Northern Hemisphere glaciation and strengthening of the northeast Indian monsoon: Ocean Drilling Program Site 758, eastern equatorial Indian Ocean. *Geology*, **31**, 47-50.

Hansen, J.E., Lacis, A., Rind, D., Russell, G., Stone, P., Fung, I., Ruedy, K., and Lemer, J., 1984. Climate sensitivity: analysis of feedback mechanisms. *Amer. Geophys. Union, Monogr. Ser.*, **29**, 130.

Hao, Q., Wang, L., Oldfield, F., Peng, S., Qin, L., Song, Y., Xu, B., Qiao, Y., Bloermendal, J., and Guo, Z., 2012. Delayed build-up of Arctic ice sheets during 400,000-year minima in insolation variability. *Nature*, **490**, 393-396, doi:10.1038/nature11493.

Haug, G.H., Ganopolski, A., Sigman, D., Rosell-Mele, A., Swann, G., Tiedermann, R., Jaccard, S., Bollmann, J., Maslin, M., Leng, M., and Eglinton, G., 2005. North Pacific seasonality and the glaciation of North America 2.7 million years ago. *Nature*, **433**, 821-825.

Haug, G.H., Maslin, M.A., Sarnthein, M., Stax, R., and Tiedermann, R., 1995. Evolution of northwest Pacific sedimentation patterns since 6 Ma (Site 882). In Rea, D.K., Basov, I.A., Scholl, D.W., and Allan, J.F. (eds.) *Proc. ODP, Sci. Results*, **145**, 293-301, College Station, TX: Ocean Drilling Program.

Haug, G.H., Tiedermann, R., Zahn, R., and Ravelo, A.C., 2001. Role of Panama uplift on oceanic freshwater balance. *Geology*, **29**, 207-210.

Hays, P.E., Pisias, N.G., and Roelofs, A.K., 1989. Paleoceanography of the eastern equatorial Pacific during the Pliocene: a high resolution study. *Paleoceanography*, **4**, 57-73, doi:10.1029/PA004i001p00057.

Haywood, A., and Valdes, P., 2004. Modeling Pliocene warmth: contribution of atmosphere, oceans and cryosphere. *Earth Planet. Sci. Lett.*, **218**, 363-377, doi:10.1016/S0012-821X(03)00685-X.

Haywood, A.M., Valdes, P.J., and Peck, V.L., 2007. A permanent El Niño-like state during the Pliocene? *Paleoceanography*, **22**, PA1213, doi:10.1029/2006PA001323.

Haywood, A.M., Dowsett, H.J., Valdes, P.J., Lunt, D.J., Francis, J.E., and Sellwood, B.W., 2009. Introduction. Pliocene climate, processes and problems. *Phil. Trans. R. Soc. A*, **367**, 3-17, doi:10.108/rsta.2008.0205.

Head, M.J., Gibbard, P., and Salvador, A., 2008. The Tertiary: a proposal for its formal definition. *Episodes*, **31**, 248-250.

Heath, G. R., Burckle, L. H., *et al.*, 1985. *Init. Repts. DSDP*, **86**, Washington D.C. (U.S. Govt. Printing Office).

Heinrich, H., 1988. Origin and consequences of cyclic ice rafting in the Northeast Atlantic Ocean during the past 130,000 years. *Quaternary Res.*, **29**, 143-152, doi:10.1029/2003RG000128.

Hemming, S.R., 2004. Heinrich events: massive late Pleistocene detritus layers of the North Atlantic and their global climate imprint. *Rev. Geophys.*, **42**, RG1005, 1-43.

Hodell, D.A., Charles, C.D., and Ninnemann, U.S., 2000. Comparison of interglacial stages in the South Atlantic sector of the southern ocean for the past 450 kyr: implications for Marine Isotope Stage (MIS) 11. *Glob. Planet. Change*, **24**, 7-26.

Hodell, D.A., Kanfoush, S.L., Shemesh, A., Crosta, X., Charles, C.D., and Guilderson, T.P., 2001. Abrupt cooling of Antarctic surface waters and sea ice expansion in the South Atlantic sector of the Southern Ocean at 5000 cal yr. B.P. *Quaternary Res.*, **56**, 191-198.

Honza, E., and Granie, B.M., 1987. Japan-Indonesia cooperative survey in the Sundda Forearc. *COOP Tech. Bull.*, **19**, 1-6.

Ikeda, A., Ochiai, K., and Koizumi, I., 1999. Late Quaternary paleoceanographic changes off southern Java. *The Quetrnary Res.*, **38**, 387-399.

Ikeda, M., Suzuki, F., and Oba, T., 1999. A box model of glacial-interglacial variability in the Japan Sea. *J. Oceanogr.*, **55**, 483-492.

Indermühle, A., Stocker, T.F., Joos, F., Fischer, H., Smith, H.J., Wahien, M., Deck, B., Mastroianni, D., Tschumi, J., Blunier, T., Meyer, R., and Stauffer, B., 1999. Holocene carbon-cycles dynamics based on CO_2 trapped in ice at Taylor Dome, Antarctica. *Nature*, **398**, 121-126.

IPCC, 2007. *Climate Change 2007. The Physical Science Basis*. Cambridge Univ. Press, 996p.

板倉　茂・今井一郎・伊藤克彦，1992．海底泥中から見出された珪藻 *Skeletonema costatum* 休眠細胞の形態と復活過程．日本プランクトン学会誌，**38**，135-145.

Jansen, J.H.F., Kuijpers, A., and Troelstra, S.R., 1986. A Mid-Brunhes climatic event: long term changes in global atmospheric and ocean circulation. *Science*, **232**, 619-622.

Jousé, A.P., 1952. On the history of the diatom flora of Lake Khanka. In Gerasimov, I.P. (ed.) *Mate. Geomor. Paleogeogra. USSR*, **6**, 226-252, USSR Acad. Sci.

Jousé, A.P., and Mukhina, V.V., 1978. Diatoms units and the paleogeography of the Black Sea in the late Cenozoic (DSDP, Leg 42B). In Ross, N., *et al.* (eds.) *Init. Repts. DSDP*, **42**, 903-950, Washington D.C. (U.S. Govt. Printing Office).

海洋資料センター編，1978．海洋環境図　外洋編-北西太平洋Ⅱ（季節別・月別）．157頁，日本水路協会，東京．

Kanaya, T., and Koizumi, I., 1966. Interpretation of diatom thanatocoenoses from the North Pacific applied to a study of core V20-130 (studies of deep-sea core V20-130. Part IV). *Sci. Rep. Tohoku Univ., 2nd Ser. (Geol.)*, **37**, 89-130.

Kanfoush, S.L., Hodell, D.A., Charles, C.D., Guilderson, T.P., Mortyn, G., and Ninnemann, U.S., 2000. Millennial-scale instability of the Antarctic ice sheet during the last glaciation. *Science*, **288**, 1815-1818.

Kanfoush, S.L., Hodell, D.A., Charles, C.D., Janecek, T.R., and Rack, F.R., 2002. Comparison of ice-rafted debris and physical properties in ODP Site 1094 (South Atlantic) with the Vostok ice core over the last four climatic cycles. *Palaeogeogr. Palaeoclimatol. Palaeoecol.*, **182**, 329-349.

Kapitza, A.P., Ridley, J.K., Robin, G.d.Q., Siegert, M.J., and Zotikov, I.A., 1996. A large deep freshwater lake beneath the ice of central East Antarctica. *Nature*, **381**, 684-686.

Karas, C., Nürnberg, D., Gupta, A.K., Tiedemann, R., Mohan, K., and Bickert, T., 2009. Mid-Pliocene climate change amplified by a switch in Indonesian subsurface throughflow. *Nature Geoscience*, **2**, 434-438, doi:10.1038/NGEO520.

川幡穂高・大場忠道，2001．IMAGES [International Marine Global Change Study（海洋環境変化に関する国際共同研究）] プログラム．地質ニュース，**564**，40-45.

Keigwin, L.D., 1982. Isotopic paleoceanography of the Caribbea and East Pacific: Role of Panama uplift in Late Neogene time. *Science*, **217**, 350-353.

Keller, G., and Barron, J.A., 1983. Paleoceanographic implications of Miocene deep-sea hiatuses. *Geol. Soc. Am. Bull.*, **94**, 590-613.

Kemp, A.E.S., 1995. Neogene and Quaternary pelagic sediments and depositional history of the eastern equatorial Pacific Ocean (Leg 138). In Pisian, N.G., Mayer, L.A., Janecek, T.R., Palmer-Julason, A., and van Andel, T.H. (eds.) *Proc. ODP, Sci. Results*, **138**, 641-645, College Station, TX: Deep Sea Drilling Program.

Kemp, A.E.S., and Baldauf, J.G., 1993. Vast Neogene laminated diatom mat deposits from the eastern equatorial Pacific Ocean. *Nature*, **362**, 141-144.

Kemp, A.E.S., Baldauf, J.G., and Pearce, R.B., 1995. Origins and paleoceanographic significance of laminated diatom ooze from the eastern equatorial Pacific Ocean (Leg 138). In Pisian, N. G.,

Mayer, L. A., Janecek, T. R., Palmer-Julason, A., and van Andel, T. H. (eds.) *Proc. ODP, Sci. Results*, **138**, 647-663, College Station, TX: Deep Sea Drilling Program.
Kemp, A.E.S., Pike, J., Pearce, R.B., and Lange, C. B., 2000. The "Fall dump"— a new perspective on the role of a "shade flora" in the annual cycle of diatom production and export flux. *Deep-Sea Res., II*, **47**, 2129-2154.
Kindler, P., and Hearty, P.J., 2000. Elevated marine terraces from Eleuthera (Bahamas) and Bermuda: sedimentological, petrographic and geochronological evidence for important deglaciation events during the middle Pleistocene. *Glob. Planet. Change*, **24**, 41-58.
Kleiven, H.F., Jansen, E., Fronval, T., and Smith, T.M., 2002. Intensification of Northern Hemispehre glaciations in the circum Atlantic region (3.5-2.4Ma) -ice-rafted detritus evidence. *Palaeogeogr. Palaeoclimatol. Palaeoecol.*, **184**, 213-223.
Klocker, A., Prange, M., and Schulz, M., 2005. Testing the influence of the Central American Seaway on orbitally forced Northern Hemisphere glaciation. *Geophys. Res. Lett.*, **32**, L03703, doi:10.1029/2004GL021564.
小泉 格, 1970. フィリピン海深海底コア中の珪藻遺骸群集. 海洋地質, **6**, 67-69.
Koizumi, I., 1972. Marine diatom flora of the Pliocene Tatsunokuchi Formation in Fukushima Prefecture. *Trans. Proc. Palaeontol. Soc. Japan, N.S.*, **86**, 340-359.
Koizumi, I., 1973a. The late Cenozoic diatoms of Sites 183-193, Leg 19 Deep Sea Drilling Project. In Creager, J.S., Scholl, D.W., *et al.* (eds.) *Init. Repts. DSDP*, **19**, 805-855, Washington D.C. (U.S. Govt. Printing Office).
Koizumi, I., 1973b. Marine diatom flora of the Pliocene Tatsunokuchi Formation in Miyagi Prefecture. *Trans. Proc. Palaeontol. Soc. Japan, N.S.*, **91**, 126-136.
小泉 格, 1973. 縁海における氷期堆積物中の混合珪藻遺骸群集. 月刊 海洋科学, **5**, 19-23.
Koizumi, I., 1975a. Neogene diatoms from the western margin of the Pacific Ocean, Keg 31, Deep Sea Drilling Project. In Karig, D.E., Ingle, J.C., Jr., *et al.* (eds.) *Init. Repts. DSDP*, **31**, 779-819, Washington D.C. (U.S. Govt. Printing Office).
Koizumi, I., 1975b. Diatom events in late Cenozoic deep-sea sequences in the North Pacific. *Jour. Geol. Soc. Japan*, **81**, 567-578.
小泉 格, 1975. フィリピン海域の珪藻遺骸群集. 日本地質学会編, フィリピン海域の地質学的諸問題, 地質学会82年大会討論会資料集, 46-52.
小泉 格, 1977. 深海堆積物と日本海の歴史―氷期に日本海は淡水化したか. 科学, **47**, 45-51.
小泉 格, 1984. 珪藻― KH-79-3, C-3 コアの解析を中心にして. 月刊 地球, **7**, 547-553.
Koizumi, I., 1985. Late Neogene paleoceanography in the western North Pacific. In Heath, G.R., Burckle, L.H., *et al.* (eds.) *Init. Repts. DSDP*, **86**, 429-438, Washington (U.S. Govt. Printing Office).
Koizumi, I., 1986. Late Neogene diatom temperature record in the northwest Pacific Ocean. *Sci. Rep. Coll. Gen. Edu. Osaka Univ.*, **34**, 145-153.
Koizumi, I., 1989. Holocene pulses of diatom growth in the warm Tsushima current in the Japan Sea. *Diatom Res.*, **4**, 55-68.
Koizumi, I., 1992. Diatom biostratigraphy of the Japan Sea: Leg 127. In Pisciotto, K.A., Ingle, J.C., Jr., von Breymann, M.T., *et al.* (eds.) *Proc. ODP, Sci. Results*, **127/128**, 249-289, College Station, TX: Ocean Drilling Program.
Koizumi, I., 1994. Spectral analysis of the diatom paleotemperature records at DSDP Sites 579 and 580 near the subarctic front in the western North Pacific. *Palaeogeogr. Palaeoclimatol. Palaeoecol.*, **108**, 475-485.
小泉 格, 1995. 日本列島周辺の海流と日本文化. 小泉 格・田中耕司編, 講座「文明と環境」10,

海と文明, 1-11, 朝倉書店.

Koizumi, I., 2008. Diatom-derived SSTs (Td' ratio) indicate warm seas off Japan during the middle Holocene (8.2-3.3 kyr BP). *Mar. Micropaleontol.*, **69**, 263-281, doi:10.1016/j.marmicro.2008.08.004.

小泉 格, 2011. 珪藻古海洋学―完新世の環境変動. 211 頁, 東京大学出版会.

Koizumi, I., and Ikeda, A., 1997. The Plio-Pleistocene diatom record from ODP Site 797 of the Japan Sea. In Naiwen, W., and Remane, J. (eds.) *Pro. 30th Inter. Geol. Con.*, **11**, 213-230, Utrecht: VSP, Inter. Sci., Pub.

Koizumi, I., and Sakamoto, T., 2003. Paleoceanography off Sanriku, northeast Japan, based on diatom flora. In Suyehiro, K., Sacks, I.S., Acton, G.D., and Oda, M. (eds) *Proc. ODP, Sci. Results*, **186**, 1-21, College Station, TX: Ocean Drilling Program.

Koizumi, I., and Sakamoto, T., 2012. Allochtonous diatoms in DSDP Site 436 on the abyssal floor off northeast Japan. *JAMSTEC Rep. Res. Dev.*, **14**, 27-38.

Koizumi, I., and Tanimura, Y., 1985. Neogene diatom biostratigraphy of the middle latitude western North Pacific, Deep Sea Drilling Project Leg 86. In Heath, G.R., Burckle, L.H., *et al.* (eds.) *Init. Repts. DSDP*, **86**, 269-300, Washington D.C. (U.S. Govt. Printing Office).

Koizumi, I., and Yamamoto, H., 2005. Paleohydrography of the Kuroshio-Kuroshio Extension based on fossil diatoms. *JAMSTEC Rep. Res. Dev.*, **1**, 57-68.

Koizumi, I., and Yamamoto, H., 2007. Paleohydrography of the Kuroshio-Kuroshio Extension off Sanriku Coast based on fossil diatoms. *JAMSTEC Rep. Res. Dev.*, **5**, 1-8.

Koizumi, I., and Yamamoto, H., 2008. Paleohydrography of the Kuroshio Extension in the Tohoku Area. *JAMSTEC Rep. Res. Dev.*, **7**, 1-10.

Koizumi, I., and Yamamoto, H., 2010. Paleoceanographic evolution of North Pacific surface water off Japan during the past 150,000 years. *Mar. Micropaleontol.*, **74**, 108-118, doi:10.1016/j.marmicro.2010.01.003.

Koizumi, I., and Yamamoto, H., 2011. Oceanographic variations over the last 150,000 yr in the Japan Sea and synchronous Holocene with the Northern Hemisphere. *J. Asian Earth Sci.*, **40**, 1203-1213, doi:10.1016/j.jseaes.2010.06.013.

Koizumi, I., and Yamamoto, H., 2013. Paleoceanography since the warm Pliocene epoch in the mid-latitudes of the northwestern Pacific Ocean. In Bour, F.C. (ed.) *Diatoms: Diversity and Distribution, Role in Biotechnology and Environmental Impacts.* 87-106, New York, Nova Science Pub., Inc.

Koizumi, I., and Yanagisawa, Y., 1990. Evolutionary change in diatom morphology: an example from *Nitzschia fossilis* to *Pseudoeunotia doliolus*. *Trans. Proc. Palaeontol. Soc. Japan, N. S.*, **157**, 347-359.

Koizumi, I., Irino, T., and Oba, T., 2004. Paleoceanogarphy during the last 150 kyr off central Japan based on diatom floras. *Mar. Micropaleontol.*, **53**, 293-365, doi:10.1016/j.marmicro.2004.06.004.

Koizumi, I., Sato, M., and Matoba, Y., 2009. Age of significance of Miocene diatoms and diatomaceous sediments from northeast Japan. *Palaeogeogr. Palaeoclimatol. Palaeoecol.*, **272**, 85-98.

Koizumi, I., Shiga, K., Irino, T., and Ikehara, M., 2003. Diatom record of the late Holocene in the Okhotsk Sea. *Mar. Micropaleontol.*, **49**, 139-156, doi:10.1016/S0377-8398(03)00033-1.

Koizumi, I., Tada, R., Narita, H., Irino, T., Aramaki, T., Oba, T., and Yamamoto, H., 2006. Paleocenographic history around the Tsugaru Strait between the Japan Sea and the Northwest

Pacific Ocean since 30 cal kyr BP. *Palaeogeogr. Palaeoclimatol. Palaeoecol.*, **232**, 36-52.

Koya, K., 1999MS. Late Pliocene-Pleistocene paleoceanographic study based on diatom assemblage of the Japan Sea cores (ODP Leg 127). Dr. thesis at Graduate School Sci., Hokkaido Univ., 69 pp.

Krissek, L.A., 1995. Late Cenozoic ice-rafting records from Leg 145 sites in the North Pacific: late Miocene onset, late Pliocene intensification, and Pliocene-Pleistocene events. In Rea, D.K., Basov, I.A., Scholl, D.W., and Allan, J.F. (eds.) *Proc. ODP, Sci. Results*, **145**, 179-186, College Station, TX: Ocean Drilling Program.

Kunz-Pirrung, M., Gersonde, R., and Hodell, D.A., 2002. Mid-Brunhes century-scale diatom sea surface temperature and sea ice records from the Atlantic sector of the Southern Ocean (ODP Leg 177, sites 1093, 1094 and core PS2089-2). *Palaeogeogr. Palaeoclimatol. Palaeoecol.*, **182**, 305-328.

Kürschner, W.M., van der Burgh, J., Visscher, H., and Dilcher, D.L., 1996. Oak leaves as biosensors of late Neogene and early Pleistocene paleoatmospheric CO_2 concentrations. *Mar. Micropaleontol.*, **27**, 299-312.

Kutzbach, J.E., 1981. Monsoon climate of the early Holocene: climate experiment with Earth's orbital parameters for 9000 years ago. *Science*, **214**, 59-61.

Kutzbach, J.E., Batlein, P.J., Foley, J.A., Harrison, S.P., Hostetler, S.W., Liu, Z., and Prentice, I.C., 1996. Potential role of vegetation in the climatic sensitivity of high-latitude regions: a case study at 6000 years BP. *Glob. Biogeochem. Cycles*, **6**, 727-736.

Lange, C.B., Berger, W.H., Burke, S.K., Casey, R.E., Schimmelmann, A., Soutar, A., and Weinheimer, A.L., 1987. El Niño in Santa Barbara Basin: diatom, radiolarian and foraminiferan responses to the "1983 El Niño" event. *Mar. Geol.*, **78**, 153-160.

Laskar, J., Robutel, P. Joutel, F., Gastineau, M., Correia, A.C.M., and Levrard, B., 2004. A long-term numerical solution for the insolation quantities of the Earth. *A&A*, **428**, 261-285.

Le, J., Mix, A.C., and Shackleton, N.J., 1995. Late Quaternary paleocenaography in the eastern equatorial Pacific Ocean from planktonic foraminifers: a high-resolution record from Site 846. In Pisias, N.G., Janecek, T.R., Palmer-Julson, A., and van Andedl, T.H. (eds.) *Proc. ODP, Sci. Results*, **138**, 675-686, College Station, TX: Ocean Drilling Program.

Lear, C.H., Elderfield, H., and Wilson, P.A., 2000. Cenozoic deep-sea temperatures and global ice volumes from Mg/Ca in benthic foraminiferal calcite. *Science*, **287**, 269-272.

Lisiecki, L.E., and Raymo, M.E., 2005. A Pliocene-Pleistocene stack of 57 globally distributed benthic $\delta^{18}O$ records. *Paleoceanography*, **20**, PA1003, doi:10.1029/2004PA001071.

Lisiecki, L.E., and Raymo, M.E., 2007. Plio-Pleistocene climate evolution: trends and transitions in glacial cycle dynamics. *Quaternary Sci. Rev.*, **26**, 56-69, doi:10.1016/j.quascirev.2006.09.005.

Loutre, M.F., 2003. Clues from MIS 11 to predict the future climate – a modeling point of view. *Earth Planet. Sci. Lett.*, **212**, 213-224.

Loutre, M.F., and Berger, A., 2003. Marine Isotope Stage 11 as an analogue for the present interglacial. *Glob. Planet. Change*, **36**, 209-217, doi:10.1016/S0921-818(02)00186-8.

Lunt, D.J., Foster, G.L., Haywood, A.M., and Stone, E.J., 2008a. Late Pliocene Greenland glaciation controlled by a decline in atmospheric CO_2 levels. *Nature*, **454**, 1102-1106, doi:10.1038/nature07223.

Lunt, D.J., Valdes, P.J., Haywood, A., and Rutt, I.C., 2008b. Closure of the Panama Seaway during the Pliocene: implications for climate and Northern Hemisphere glaciation. *Clim. Dyn.*, **30**, 1-18, doi:10.1007/s00382-007-0265-6.

Lyell, C., Secord, J.A. 縮約, 河内洋裕訳, ライエル地質学原理, 2006. 上巻, 232 頁, 下巻, 248 頁, 朝倉書店.

Lyle, M., Koizumi, I., Richter, C., and Moore, T.C., Jr. (eds.), 2000. *Proc. ODP, Sci. Results*, **167**, College Station, TX: Ocean Drilling Program.

Lyle, M., Koizumi, I., Delaney, M.L., and Barron, J.A., 2000. Sedimentary record of the California current system, Middle Miocene to Holocene: a synthesis of Leg 167 results. In Lyle, M., Koizumi, I., Richter, C., and Moore, T.C., Jr. (eds.) *Proc. ODP, Sci. Results*, **167**, 341-376, College Station, TX: Ocean Drilling Program.

MacAyeal, D.R., 1993a. A low order model of the Heinrich events cycle. *Paleoceanography*, **8**, 767-775.

MacAyeal, D.R., 1993b. Bing/purge oscillations of the Laurentide Ice Sheet as a cause of the North Atlantic Heinrich events. *Paleoceanography*, **8**, 775-784.

Mammerickx, J., 1985. A deep-sea thermphaline flow path in the northwest Pacific. *Mar. Geol.*, **65**, 1-19.

Marlow, F.R., Lange, C.B., Wefer, G., and Rosell-Mele, A., 2000. Upwelling intensification as part of the Pliocene-Pleistocene climate transitions. *Science*, **290**, 2288-2291, doi:10.1126/science.290.5500.2288.

Martin, E.E., and Scher, H.A., 2006. Nd isotopic study of southern sourced waters and Indonesian throughflow at intermediate depths in the Cenozoic Indian Ocean. *Geochem. Geophys. Geosyst.*, **7**, Q09N02.

Martinson, D.G., Pisias, N.G., Hays, J.D., Imbrie, J., Moore, T.C., Jr., and Shackleton, N.J., 1987. Age dating and the orbital theory of the ice ages: Development of a high-resolution 0 to 300,000-year chronostratigraphy. *Quaternary Res.*, **27**, 1-29.

Maslin, M.A., Haug, G.H., Sarnthein, M., Tiedermann, R., Erlenkeuser, H., and Stax, R., 1995. Northwest Pacific Site 882: The initiation of Northern Hemisphere Glaciation. In Rea, D.K., Basov, I.A., Scholl, D.W., Allan, J.F. (eds.) *Proc. ODP, Sci. Results*, **145**, 315-329, College Station, TX: Ocean Drilling Program.

Maslin, M. A., Li, X. S., Loutre, M. F., and Berger, A., 1998. The contribution of orbital forcing to the progressive intensification of Northern Hemisphere glaciation. *Quaternary Sci. Rev.*, **17**, 411-426.

Masujima, M., Yasuda, I., Hiroe, Y., and Watanabe, T., 2003. Transport of Oyashio Water across the Subarctic Front into the Mixed Water Region and formation of NPIW. *J. Oceanogr.*, **59**, 855-869.

松井裕之・多田隆治・大場忠道, 1998. 最終氷期の海水準変動に対する日本海の応答—塩分収支モデルによる陸橋成立の可能性の検証. 第四紀研究, **37**, 221-233.

McKelvey, B. C., Chen, W., and Arculus, R. J., 1995. Provenance of Pliocene-Pleistocene ice-rafted debris, Leg 145, northern Pacific Ocean. In Rea, D. K., Basov, I. A., Scholl, D. W., Allan, J. F. (eds.) *Proc. ODP, Sci. Results*, **145**, 195-204, College Station, TX: Ocean Drilling Program.

McManus, J.F., Oppo, D.W., and Cullen, J.L., 1999. A 0.5-million-year record of millennial-scale climate variability in the North Atlantic. *Science*, **283**, 971-975.

McManus, J., Oppo, D., Cullen, J., and Healey, S., 2003. Marine Isotope Stage (MIS 11): analog for Holocene and future climate? Earth's Climate and Orbital Eccentricity: The Marine Isotope Stage 11 question, *Geophys. Monogr.*, **137**, 69-85, Amer. Geophys. Union, doi:10.1029/137GM06.

Meehl, G. A., Washington, W. M., Ammann, C. M., Arblaster, J. M., Wigley, T. M. L., and Tebaldi, C., 2004. Combinations of natural and anthropogenic forcings in Twentieth-century climate. *J.*

Climate, **17**, 3721-3727.

Menking, K.M., and Anderson, R.Y., 2003. Contributions of La Niña and El Niño to middle Holocene drought and late Holocene moisture in the American Southwest. *Geology*, **31**, 937-940.

Mix, A.C., Le, J., and Shackleton, N.J., 1995. Benthic foraminiferal stable isotope stratigraphy of Site 846: 0-1.8 Ma. In Pisias, N.G., Janecek, T.R., Palmer-Julson, A., and van Andedl, T.H. (eds.) *Proc.ODP, Sci. Results*, **138**, 839-854, College Station, TX: Ocean Drilling Program.

Mix, A., Bard, E., and Schneider, R., 2001. Environmental processes of the ice age: land, ocean, and glaciers (epilog). *Quaternary Sci. Rev.*, **20**, 627-657.

Moschen, R.A., Lücke, A., and Schleser, G., 2005. Sensitivity of biogenic silica oxygen isotopes to changes in surface water temperature and palaeoclimatology. *Geophys. Res. Lett.*, **32**, L07708, doi:10.1029/2004GL022167.

Motoi, T., Chan, W.-L., Minobe, S., and Sumata, H., 2005. North Pacific halocline and cold climate induced by Panamanian Gateway closure in a coupled ocean-atmosphere GCM. *Geophys. Res. Lett.*, **32**, L101618, doi:10.1029/2005GL022844.

本山 功・丸山俊明, 1998. 中・高緯度北西太平洋地域における新第三紀珪藻・放散虫化石年代尺度：地磁気極性年代尺度CK92およびCK95への適合. 地質学雑誌, **104**, 171-183.

Motoyama, I., Niitsuma, N., Maruyama, T., Hayashi, H., Kamikuri, S., Shiono, M., Kanamatsu, T., Aoki, K., Morishita, C., Hagino, K., Nishi, H., and Oda, M., 2004. Middle Miocene to Pleistocene magneto-biostratigraphy of ODP Sites 1150 and 1151, northwest Pacific: Sedimentation rate and updated regional geologicaltimescale. *Island Arc*, **13**, 289-305.

Moy, C.M., Seltzer, G.O., Rodbell, D.T., and Anderson, D.M., 2002. Variability of El Niño/Southern Oscillation activity at millennial timescales during the Holocene epoch. *Nature*, **420**, 162-165.

Mudelsee, M., and Raymo, M.E., 2005. Slow dynamics of the Northern Hemisphere glaciation. *Paleoceanography*, **20**, PA4022, doi:10.1029/2005PA001153.

Müller, U. C., and Pross, J., 2007. Lesson from the past: present insolation minimum holds potential for glacial inception. *Quaternary Sci. Rev.*, **26**, 3025-3029, doi:10.1016/j.quascirev.2007.10.006.

長島佳奈・多田隆治・松井裕之, 2004. 過去14万年間のアジアモンスーン・偏西風変動—日本海堆積物中の黄砂粒径・含有量からの復元. 第四紀研究, 43, 85-97.

Narita, H., Sato, M., Tsunogai, S., and Murayama, M., 2002. Biogenic opal indicating less productive northwester North Pacific during the glacial ages. *Geophys. Res. Lett.*, **29**, 22-1-22-4.

Nathan, S., and Leckie, R. M., 2009. Early history of the western Pacific warm pool during the middle to late Miocene (~13.2-5.8Ma): Role of sea-level change and implications for equatorial circulation. *Palaeogeogr. Palaeoclimatol. Palaeoecol.*, **274**, 140-159, doi:10.1016/j.palaeo.2009.01.007.

NEEM community members, 2013. Eemian intertglacial reconstructed from a Greenland folded ice core. *Nature*, **493**, 489-494.

大場忠道・大村明雄・加藤道雄・北里 洋・小泉 格・酒井豊三郎・高山俊昭・溝田智俊, 1984. 古環境変遷史—KH-79-3, C-3コアの解析を中心にして. 月刊 地球, **6**, 571-575.

Oba, T., Kato, M., Kitazato, H., Koizumi, I., Omura, A., Sakai, T., and Takayama, T., 1991. Paleoenvironmental changes in the Japan Sea during the last 85,000 years. *Palaeoceanography*, **6**, 499-518.

Oeschger, H., Beer, J., Siegenthalter, U., Stauffer, B., Dansgaard, W., and Langway, C.C., 1984. Late glacial history from ice cores. In Hansen, J. E., and Takahashi, T. (eds.) *Climate Processes and Climate Sensitivity*. 299-306, Amer. Geophys. Union.

Overpeck, J.T., Otto-Bliesner, B.L., Miller, G.H., Muhs, D.R., Alley, R.B., and Kiehl, J.T., 2006.

Paleoclimatic evidence for future ice-sheet instability and rapid sea-level rise. *Science*, **311**, 1747-1750.

Pagani, M., Lui, Z., LaRiviere, J., and Ravelo, A.C., 2010. High Earth-system climate sensitivity determined from Pliocene carbon dioxide concentrations. *Nature Geosci.*, **3**, 27-30.

Pearce, R.B., Kemp, A.E.P., Baldauf, J.G., and King, S.C., 1995. Origins and paleoceanographic significance of laminated diatom ooze from the eastern equatorial Pacific Ocean (Leg 138). In Pisian, N.G., Mayer, L.A., Janecek, T.R., Palmer-Julason, A., and van Andel, T.H. (eds.) *Proc. ODP, Sci. Results*, **138**, 641-645, College Station, TX: Deep Sea Drilling Program.

Petit, J.R., Jouzel, J., Raynaud, D., Barkov, N.I., Barnola, J.-M., Basile, I., Bender, M., Chappellaz, J., Davis, M., Delaygue, G., Delmotte, M., Kotlyakov, Legrand, M., Lipenkov, V.M., Lorius, C., Pépin, L., Ritz, C., Saltzman, E., and Stievenard, M., 1999. Climate and atmospheric history of the last 420,000 years from the Vostok ice core. *Nature*, **399**, 429-437.

Philander, S.G., and Fedorov, A.V., 2003. Role of tropics in changing the response to Milankovich forcing some three million years ago. *Paleoceanography*, **18**, 1045, doi:10.1029/2002PA000837.

Pillans, B., and Naish, T., 2004. Defining the Quaternary. *Quaternary Sci. Rev.*, **23**, 2271-2282.

Prueher, L.M., and Rea, D.K., 1998. Rapid onset of glacial conditions in the subarctic North Pacific region at 2.67 Ma: clues to causality. *Geology*, **26**, 1027-1030.

Rampino, M.R., and Self, S., 1992. Volcanic winter and accelerated glaciation following the Toba supereruption. *Nature*, **359**, 50-52.

Ravelo, A.C., Andreasen, D.H., Lyle, M., Lyle, A.O., and Wara, M.W., 2004. Regional climate shifts caused by gradual global cooling in the Pliocene epoch. *Nature*, **429**, 263-267, doi:10.1038/nature02567.

Raymo, M.E., 1997. The timing of major climate terminations. *Paleoceanography*, **12**, 577-585.

Raymo, M.E., Ruddiman, W.F., Backman, J., Clement, B.M., and Martinson, D.G., 1989. Late Pliocene variation in Northern Hemisphere ice sheets and North Atlantic Deep Water circulation. *Palaeoceanography*, **4**, 413-446.

Raymo, M.E., Grant, B., Horowitz, M., and Rau, G.H., 1996. Mid-Pliocene warmth: stronger greenhouse and stronger conveyor. *Mar. Micropaleontol.*, **27**, 313-326.

Raynaud, D., Loutre, M.F., Ritz, C., Chappellaz, J., Barnola, J.-M., Jouzel, J.,Lipenkov, V.Y., Petit, J.-R., and Vimeux, F., 2003. Marine Isotope Stage (MIS) 11 in the Vostok ice core: CO_2 forcing and stability of East Antarctica. Earth's Climate and Orbital Eccentricity: The Marine Isotope Stage 11 Question. *Geophys. Monogr.*, **137**, 27-40, Amer. Geophys. Union.

Rea, D.K., 1994. The paleoclimatic record provided by eolian deposition in the deep sea: The geologic history of wind. *Rev. Geophys.*, **32**, 159-195.

Rea, D.K., and Janecek, T.R., 1982. Late Cenozoic changes in atmospheric circulation deduced from North Pacific eolian sediments. *Mar. Geol.*, **49**, 149-167.

Rea, D.K., and Schrader, H.-J., 1985. Late Pliocene onset of glacial: Ice-rafting and diatom stratigraphy of North Pacific DSDP cores. *Palaeogeogr. Paleoclimatol. Palaeoecol.*, **49**, 313-325.

Rea, D.K., Basov, L.A., Krissek, L.A., and Leg 145 Scientific Party, 1995. Scientific results of drilling the North Pacific transect. In Rea, D.K., Basov, I.A., Scholl, D.W., Allan, J.F. (eds.) *Proc. ODP, Sci. Results*, **145**, 577-596, College Station, TX: Ocean Drilling Program.

Rea, D.K., Snoeckx, H., and Joseph, L.H., 1998. Late Cenozoic eolian deposition in the North Pacific: Asian drying, Tibetan uplift, and cooling of the northern hemisphere. *Paleoceanography*, **13**, 215-224.

Rohling, E.J., Fenton, M., Jorissen, F.J., Bertrandt, P., Ganssen, G., and Caulet, J.P., 1998.

Magnitudes of sea-level lowstands of the past 500,000 years. *Nature*, **394**, 162-164.

Ruddiman, W.F., 2003a. The anthropogenic greenhouse era began thousands of years ago. *Clim. Change*, **61**, 261-293.

Ruddiman, W.F., 2003b. Orbital insolation, ice volume, and greenhouse gases. *Quaternary Sci. Rev.*, **22**, 1597-1629.

Ruddiman, W.F., 2005. Cold climate during the closets Stage 11 analog to recent Millennia. *Quaternary Sci. Rev.*, **24**, 1111-1121, doi:10.1016/j.quascrev.2004.10.012.

Ruddiman, W.F., and Kutzbach, J.E., 1989. Forcing of Late Cenozoic Northern Hemisphere climate by plateau uplift in southern Asia and the American West. *J. Geophys. Res.*, **94**, 18409-18427.

Ruddiman, W.F., McIntyre, A., and Raymo, M., 1987. Paleo-environmental results from North Atlantic Sites 607 and 609. In Ruddiman, W.F., Kidd, R.B., Thomas, E., et al., *Init. Repts. DSDP*, 94 (Pt. 2), 855-878, Washington (U.S. Govt. Printing Office).

Ruddiman, W.F., Raymo, M.E., Martinson, D.G., Clement, B.M., and Backman, J., 1989. Pleistocene evolution of Northern Hemisphere climate. *Paleoceanography*, **4**, 353-412.

Ruddiman, W.F., Vavrus, S.J., and Kutzbach, J.E., 2005. A test of the overdue-glaciation hypothesis. *Quaternary Sci. Rev.*, **24**, 1-10.

Sancetta, C., 1982. Distribution of diatom species in surface sediments of the Bering and Okhotsk seas. *Micropaleontology*, **28**, 221-257.

Sancetta, C., 1995. Diatoms in the Gulf of California: Seasonal flux patterns and the sediment record for the last 15,000 years. *Paleocenography*, **10**, 67-84.

Sancetta, C., and Silvestri, S.M., 1986. Pliocene-Pleistocene evolution of the north Pacific ocean-atmosphere system, interpreted from fossil diatoms. *Paleoceanography*, **1**, 163-180.

Sancetta, C., Lyle, M., Heusser, L., Zahn, R., and Bradbury, J.P., 1992. Late-glacial to Holocene changes in winds, upwelling, and seasonal production of the northern California current system. *Quaternary Res.*, **38**, 359-370.

Schneider, B., and Schmittner, A., 2006. Simulating the impact of the Panamanian seaway closure on ocean circulation, marine productivity and nutrient cycling. *Earth Planet. Sci. Lett.*, **246**, 367-380, doi:10.1016/j.epsl.2006.04.028.

Scholl, D.W., Hein, J.R., Marlow, M., and Buffington, E.C., 1977. Meiji sediment tongue: North Pacific evidence for limited movement between the Pacific and North American plates. *Geol. Soc. Am. Bull.*, **88**, 1567-1576.

Schramm, C.T., 1985. Implications of radiolarian assemblages for the late Quaternary paleoceanography of the eastern equatorial Pacific. *Quaternary Res.*, **24**, 204-218.

Schramm, C.T., 1989. Cenozoic climatic variation recorded by quartz and clay minerals in North Pacific sediments. In Einen, M., and Sarnthein, M. (eds.) *Paleoclimatology and Paleometeorology: Modern and Past Patterns of Global Atmospheric Transport*. 805-839, Kluwer Aca., Mass.

Shackleton, N.J., Crowhurst, S., Hagelberg, T., Pisias, N.G., and Schneider, D.A., 1995a. A new Late Neogene time scale: Application to Leg 138 sites. In Pisias, N.G., Mayer, L.A., Janecek, T.R., Palmer-Julson, A., and van Andel, T.H. (eds.) *Proc. ODP, Sci. Results*, **138**, 73-101, College Station, TX: Deep Sea Drilling Program.

Shackleton, N.J., Hall, M.A., and Pate, D., 1995b. Pliocene stable isotope stratigraphy of ODP Site 846. In Pisias, N.G., Mayer, L.A., Janecek, T.R., Palmer-Julson, A., and van Andel, T.H. (eds.) *Proc. ODP, Sci. Results*, **138**, 337-356, College Station, TX: Ocean Drilling Program.

Shiga, K., and Koizumi, I., 2000. Latest Quaternary oceanographic changes in the Okhotsk Sea based on diatom records. *Mar. Micropaleontol.*, **38**, 91-117.

Shimada, C., Sato, T., Yamazaki, M., Hasegawa, S., and Tanaka, Y., 2009. Drastic change in the late Pliocene subsurface Pacific diatom community associated with the conset of the Northern Hemisphere Glaciation. *Palaeogeogr. Palaeoclimatol. Palaeoecol.* **279**, 207-215, doi:10.1016/j.palaeo.2009.05.015.

Shiono, M., and Koizumi, I., 2000. Taxonomy of the *Thalassiosira trifulta* group in alte Neogene sediments from the northwest Pacific Ocean. *Diatom Res.*, **15**, 347-374.

Shiono, M., and Koizumi, I., 2001. Phylogenic evolution of the *Thalassiosira trifulta* group (Bacillariophyceae) in the northwestern Pacific Ocean. *Jour. Geol. Soc. Japan*, **107**, 496-514.

Shiono, M., and Koizumi, I., 2002. Taxonomy of the *Azpeitia nodulifera* group in late Neogene sediments from the northwest Pacific Ocean. *Diatom Res.*, **17**, 337-361.

Skinner, L.C., and Shackleton, N.J., 2006. Deconstructing Terminations I and II : revisiting the glacioeustatic paradigm based on deep-water temperature estimates. *Quaternary Sci. Rev.*, **25**, 3312-3321, doi:10.1016/j.quascirev.2006.07.005.

Steffensen, J.P., Andersen, K.K., Bigler, M., Clausen, H.B., Dahl-Jensen, D., Fischer, H., Goto-Azuma, K., Hansson, M., Johnsen, S.J., Jouzel, J., Masson-Delmotte, V., Popp, T., Rasmussen, S.O., Röthlisberger, R., Ruth, U., Stauffer, B., Siggaard-Andersen, M.-L., Sveinbjörrsöttir, Á.E., Svensson, A., and White, J.W., 2008. High-resolution Greenland ice core data show abrupt climate change happens in few years. *Science*, **321**, 680-684.

Stuiver, M., Braziunas, T.F., Becker, B., and Kromer, B., 1991. Climatic, solar, oceanic, and geomagnetic influences on late-Glacialand Holocene atmosphereic $^{14}C/^{12}C$ change. *Quaternary Res.*, **35**, 1-24.

Sun, Y., Clemens, S.C., An, Z., and Yu, Z., 2006. Astronomical timescale and palaeoclimatic implication of stacked 3.6-Myr monsoon records from the Chinese Loess Plateau. *Quaternary Sci. Rev.*, **25**, 33-48, doi:10.1016/j.quascirev.2005.07.005.

Swann, G.E.A., Maslin, M.A., Leng, M.J., and Sloane, H.J., 2006. Diatom $\delta^{18}O$ evidence for the development of the modern halocline system in the subarctic northwest Pacific at the onset of major Northern Hemisphere glaciation. *Paleocenography*, **21**, PA1009, doi:10.1029/2005PA001147.

Takahashi, K., Ravelo, A.C., Zarikian, C.A., *et al.*, 2011. IODP Expedition 323-Pliocene and Pleistocene paleoceanographic changes in the Bering Sea. *Sci. Drill.*, **11**, 4-13, doi:10.2204/iodp.sd.11.01.2011.

Tanaka, M., Matsuoka, K., and Takagi, Y., 1984. The Genus Melosira (Bacillariophyceae) from the Pliocene Iga Formation of the Kobiwako Group in Mie Prefecture, Central Japan. *Bull. Mizunami Fossil Muse.*, **11**, 55-83.

Tanimura, Y., Shimada, C., and Iwai, M., 2007. Modern distribution of *Thalassionema* species (Bacillariophyceae) in the Pacific Ocean. *Bull. Natl. Mus. Nat. Sci., Tokyo*, ser. C, 1-29.

Thompson, P.R., and Whelan, J.K., 1980. Fecal pellets at Deep Sea Drilling Project Site 436. In Scientific Party (ed.) *Init. Repts. DSDP*, **56-57**, 921-935, Washington (U.S. Govt. Printing Office).

Thompson, S.L., and Pollard, D., 1997. Greenland and Antarctic mass balances for present and doubled atmospheric CO_2 from the GENESIS version 2 global climate model. *J. Clim.*, **10**, 871-900.

Tiedermann, R., Sarnthein, M., and Shackleton, N.J., 1994. Astronomic timescale for the Pliocene Atlantic $\delta^{18}O$ and dust flux records of ODP Site 659. *Paleoceanography*, **9**, 619-638.

Torrence, C., and Compo, G.P., 1998. A practical guide to wavelet analysis. *Bull. Am. Meteorol. Soc.*, **79**, 61-78.

Ujiié, H., 1965. Derivation of a long core from the mid-Pacific Ocean (Studies of a deep-sea

core-V20-130-. Part 1). *Bull. Natl. Sci. Mus.*, **8**, 175-178.
Wara, M.W., Ravelo, A.C., and Delanney, M.L., 2005. Permanent El Niño-like conditions during the Pliocene warm period. *Science*, **309**, 758-761, doi:10.1126/science.1112596.
Watanabe, O., Jouzel, J., Johnsen, S., Parrenin, F., Shoji, H., and Yoshida, N., 2003. Homogeneous climate variability across East Antarctica over the past three glacial cycles. *Nature*, **422**, 509-512.
Watanabe, T., Suzuki, A., Minobe, S., Kawashima, T., Kameo, K., Minoshima, K., Aguilar, Y. M., Wani, R., Kawahata, H., Sowa, K., Nagai, T., and Kase, T., 2011. Permanent El Niño during the Pliocene warm period not supported by evidence. *Nature*, **471**, 209-211, doi:10.1038/nature09777.
Wigley, T.M.I., Jaunman, P.J., Santer, B., and Taylor, K.E., 1998. Relative detectability of greenhause gas signals and aerosol climate change signals. *Clim. Dyn.*, **14**, 781-790.
Wunsch, C., 2006. Abrupt climate change: An alternative view. *Quaternary Res.*, **65**, 191-203, doi:10.1016/j.yqres.2005.10.006.
山本正伸, 2009. 北太平洋亜熱帯循環の氷期・間氷期変動. 地質学雑誌, **115**, 325-332.
Yanagisawa, Y., 1994. Koizumia Yanagisawa Gen. Nov., a new marine fossil araphid diatom genus. *Trans. Proc. Palaeontol. Soc. Japan, N.S.*, **176**, 591-617.
Zachos, J., Pagani, M., Sloan, L., Thomas, E., and Billups, K., 2001. Trends, rhythms, and abserrations in global climate 65 Ma to present. *Science*, **292**, 686-693.
Zheng, H., Powell, C. McA., Rea, D.K., Wang, J., and Wang, P., 2004. Late Miocene and mid-Pliocene enhancement of the East Asian monsoon as viewed from the land and sea. *Glob. Planet. Change*, **41**, 147-155, doi:10.1016/j.gloplacha.2004.01.003.
Zielinski, G.A., Mayewski, P.A., Meeker, L.D., Whitlow, S., Twickler, M.S., Morrison, M., Meese, D.A., Gow, A.J., and Alley, R.B., 1994. Record of volcanism since 7000 B.C. from the GISP2 Greenland ice core and implications for the volcano-climate system. *Science*, **264**, 943-948.
Zielinski, G.A., Mayewski, P.A., Meeker, L.D., Whitlow, S., Twickler, M.S., and Taylor, K., 1996. Potential atmospheric impact of the Toba mega-eruption ～71,000 years ago. *Geophys. Res. Lett.*, **23**, 837-840

索引

ア行

アルケノン U^k_{37}　21-23, 74-77, 129, 141
稲作灌漑　117, 121
イベントD　60
インドネシア海路　58, 63, 70, 73
インドネシア通過流　70-72, 103-105
ウェーブレット変換解析　35-36, 41, 59, 91-92, 97-98, 100
ウォーカー循環　42, 46, 48, 73
エアロゾル　90, 117, 122, 124
栄養塩　28, 39, 42-43, 60, 67
永久的エル・ニーニョ様状態　24, 47
塩分躍層　28, 75-76
オパールA　14
オパールCT　14
親潮　25, 97, 101
温室型地球　12, 55, 115
温室効果ガス　113-114, 117, 121-122, 124, 128, 148, 153
温度躍層　22, 73

カ行

化学風化作用　28, 60
ガルフ流　76
寒冷水プール　73
気孔　78
気候クラッシュ　58, 83
気候システム　11, 23, 61, 63, 85
北大西洋深層水　55
軌道モンスーン説　120
クラウジウス・クラペイロンの関係　68
グラビティ・コアラー　8
黒潮　16, 25, 28, 47, 66, 97, 100-101
　　──続流　25, 66, 95
珪藻温度指数　24, 29-30, 33, 91, 95-96
珪藻殻 $\delta^{18}O$　74-76
系統進化　1, 29, 37-38, 59
広域テフラ　6
黄砂　90

サ行

高層雲　68-69
古気候アーカイブ　1
古気候（間接指標）プロキシ　1, 23, 58, 115, 129
コリオリの力　19, 48
コンターライト　16, 19

サ行

歳差　22, 50-52, 57, 62, 79-80, 85-86, 89, 93, 95-97, 100, 113, 115, 119, 122-123, 138, 140, 144-145, 148
産業革命　77-78, 117, 121
始新世末期事件　16
シリカ交代　15
伸張式ピストン・コアラー　10
森林伐採　117-118
ステージ11のパラドックス　123
早期人類活動説　117

タ行

大西洋子午面反転循環　106
大西洋タイプ　65, 135
太平洋タイプ　65
タイラードーム氷床　119, 125
ダスト量　126, 128, 132, 134
炭酸塩補償深度　16, 101
暖水プール　24, 37, 40, 42, 46-47, 58, 67-68, 76
ダンスガード・オシュガー・サイクル　90, 100, 106-107
千島-カムチャツカ弧　90
地球軌道要素　11, 15, 50-51, 59, 62, 79-80, 85, 89, 95, 113, 117, 119, 122, 138, 148
地軸傾斜角　22, 35, 41-42, 50-52, 57, 62-63, 79-80, 83, 85-86, 89, 92, 95, 97, 113, 119, 122-123, 140, 145, 148
中米（パナマ）海路　28-29, 58, 63, 65-68, 73, 76, 83
対馬暖流　59, 93, 100-103
津軽暖流　95, 102

低層雲　68-69
等塩分線　39
陶器岩　14
ドリフト堆積物　15-16, 19-20, 135, 137
ドロップ・ストーン　15, 18, 88

ナ行

熱塩循環　19, 48, 103, 106
日射量　11, 23, 42, 50-53, 56, 62, 79-80, 85-86, 95, 110, 113-115, 119-120, 122-123, 126, 138, 145-148

ハ行

ハインリッヒ事件　96, 107-108
ハックスリー（ウォレス）線越え　103, 105
発展型コアラー　10
ハドレー循環　46, 48, 69
パナマ仮説　65, 67
破片指数　140-141
パワー散逸指数　47
東アジアモンスーン　61-62, 89, 143, 152-153
東シナ海沿岸水　100-101
ピストン・コアリング　3-4, 9
氷室型地球　55, 63
氷床形成の遅延仮説　122, 150, 152
氷漂岩屑　15, 85, 87
風成塵　13, 28, 46, 58, 62, 89
フェノ・スカンディナビア氷床　96
ブリューヌ中期事件　92
糞粒　45-46
ベルト・コンベア　19, 48, 87
ベンガル湧昇域　81-82
ボストーク氷床コア　115-116, 119, 126-128, 130-132, 145-146, 151
ボックス・コアラー　8
ボンド・サイクル　98, 107

マ行

マット　43, 81
マリオン・デュフレーヌ　9

モンスーン・システム　72-73

ラ行

離心率　22, 35-36, 41-42, 50-51, 59, 62, 80, 85-86, 92, 96, 113, 115, 119, 123, 138, 144-145, 148
レス（黄土）　89
ローレンタイド氷床　88, 96, 107, 109, 134

アルファベット

AMOC　107
APC　10, 13, 15-18
CCD　16, 101, 130
CH_4 濃度　115-117, 119-123, 127-128, 148, 150
δD　126, 128-130, 134, 151
D-O サイクル　90, 100, 106-107
EDC 氷床コア　128, 133
ENSO　23, 98, 100
GENESIS 2 気候モデル　150
GRIP 氷床コア　119
IPCC 報告書　23, 76-78, 113, 117, 123
IRD　15, 17-18, 42, 55-56, 65, 85, 87-88, 92, 106-107, 129, 131-132, 136, 138
LGGE 3-D 氷床モデル　148
LLN 2-D NH 気候モデル　145-146, 148
LR04 年代モデル　52-53, 56
MAR　56, 65
MBE　92
MIS　55
Mg/Ca 比　21-23, 29, 70
MoBidiC 気候モデル　150
NADW　55, 63, 65, 131
Nd 同位体　71
NEEM 氷床コア　133
NGRIP 氷床コア　134
PDI　47
PRISM　21, 29, 37
SPECMAP　52, 95
THC　58, 63, 65, 67, 76, 103

原図表出典一覧

以下に掲載していないものはすべて著者オリジナル．

第1章
図コラム1 Mammerickx, J., 1985. A deep-sea thermphaline flow path in the northwest Pacific. *Mar. Geol.*, **65**, 1-19 より Fig. 1.

第2章
図 2.1 Brierley, C.M., and Fedorov, A.V., 2010. Relative importance of meridional and zonal sea surface temperature gradients for the onset of the ice ages and Pliocene-Pleistocene climate evolution. *Paleoceanogarphy*, **25**, PA2214 より Fig. 1 を改変.

図 2.11 Koizumi, I., and Sakamoto, T., 2012. Allochtonous diatoms in DSDP Site 436 on the abyssal floor off northeast Japan. *JAMSTEC Rep. Res. Dev.*, **14**, 27-38 より Fig. 6 を改変.

図コラム4 Lisiecki, L.E., and Raymo, M.E., 2005. A Pliocene-Pleistocene stack of 57 globally distributed benthic $\delta^{18}O$ records. *Paleoceanography*, **20**, PA1003 より Fig. 4 と Table 3.

第3章
図 3.1 Lisiecki, L.E., and Raymo, M.E., 2005. A Pliocene-Pleistocene stack of 57 globally distributed benthic $\delta^{18}O$ records. *Paleoceanography*, **20**, PA1003 より Fig. 4 を改変.

図 3.2 Kleiven, H.F., Jansen, E., Fronval, T., and Smith, T.M., 2002. Intensification of Northern Hemispehere glaciations in the circum Atlantic region (3.5-2.4Ma) -ice-rafted detritus evidence. *Palaeogeogr. Palaeoclimatol. Palaeoecol.*, **184**, 213-223 より Fig. 1 を改変.

図 3.3 Sun, Y., Clemens, S.C., An, Z., and Yu, Z., 2006. Astronomical timescale and palaeoclimatic implication of stacked 3.6-My monsoon records from the Chinese Loess Plateau. *Quaternary Sci. Rev.*, **25**, 33-48 より Fig. 11.

図 3.4 Haug, G.H., Maslin, M.A., Sarnthein, M., Stax, R., and Tiedermann, R., 1995. Evolution of northwest Pacific sedimentation patterns since 6 Ma (Site 882). In Rea, D.K., Basov, I.A., Scholl, D.W., and Allan, J.F. (eds.) *Proc. ODP, Sci. Results*, **145**, 293-301, College Station, TX: Ocean Drilling Program より Fig. 1.

図 3.5 Motoi, T., Chan, W.-L., Minobe, S., and Sumata, H., 2005. North Pacific halocline and cold climate induced by Panamanian Gateway closure in a coupled ocean-atmosphere GCM. *Geophys. Res. Lett.*, **32**, L101618 より Fig. 4.

図 3.6 Brierley, C.M., and Fedorov, A.V., 2010. Relative importance of meridional and zonal sea surface temperature gradients for the onset of the ice ages and Pliocene-Pleistocene climate evolution. *Paleoceanogarphy*, **25**, PA2214 より Fig. 8.

図 3.7 Karas, C., Nürnberg, D., Gupta, A.K., Tiedemann, R., Mohan, K., and Bickert, T., 2009. Mid-Pliocene climate change amplified by a switch in Indonesian subsurface throughflow. *Nature Geoscience*, **2**, 434-438 より Fig. 2.

図 3.8 Philander, S.G., and Fedorov, A.V., 2003. Role of tropics in changing the response to Milankovich forcing some three million years ago. *Paleoceanography*, **18**, 1045 より Fig. 2.

図 3.9 Swann, G.E.A., Maslin, M.A., Leng, M.J., and Sloane, H.J., 2006. Diatom $\delta^{18}O$ evidence for the development of the modern halocline system in the subarctic northwest Pacific at the onset of major Northern Hemisphere glaciation. *Paleocenography*, **21**, PA1009 より Fig. 8 を改変.

図 3.10　Maslin, M.A., Haug, G.H., Sarnthein, M., Tiedermann, R., Erlenkeuser, H., and Stax, R., 1995. Northwest Pacific Site 882: The initiation of Northern Hemisphere Glaciation. In Rea, D.K., Basov, I.A., Scholl, D.W., Allan, J.F. (eds.) *Proc. ODP, Sci. Results*, **145**, 315-329, College Station, TX: Ocean Drilling Program より Fig. 5.

図コラム5　Marlow, F.R., Lange, C.B., Wefer, G., and Rosell-Mele, A., 2000. Upwelling intensification as part of the Pliocene-Pleistocene climate transitions. *Science*, **290**, 2288-2291 より Fig. 2.

第 4 章

図 4.1　Lisiecki, L.E., and Raymo, M.E., 2005. A Pliocene-Pleistocene stack of 57 globally distributed benthic $\delta^{18}O$ records. *Paleoceanography*, **20**, PA1003 より Fig. 4 を改変.

図 4.2　Krissek, L.A., 1995. Late Cenozoic ice-rafting records from Leg 145 sites in the North Pacific: late Miocene onset, late Pliocene intensification, and Pliocene-Pleistocene events. In Rea, D.K., Basov, I.A., Scholl, D.W., and Allan, J.F. (eds.) *Proc. ODP, Sci. Results*, **145**, 179-186, College Station, TX: Ocean Drilling Program より Fig. 4.

図 4.5　Koizumi, I., and Yamamoto, H., 2010. Paleoceanographic evolution of North Pacific surface water off Japan during the past 150,000 years. *Marine Micropaleontol.*, **74**, 108-118 より Fig. 6.

図 4.6　Koizumi, I., and Yamamoto, H., 2010. Paleoceanographic evolution of North Pacific surface water off Japan during the past 150,000 years. *Marine Micropaleontol.*, **74**, 108-118 より Fig. 7.

図 4.7　Koizumi, I., and Yamamoto, H., 2010. Paleoceanographic evolution of North Pacific surface water off Japan during the past 150,000 years. *Marine Micropaleontol.*, **74**, 108-118 より Fig. 8.

図 4.8　Koizumi, I., and Yamamoto, H., 2011. Oceanographic variations over the last 150,000 yr in the Japan Sea and synchronous Holocene with the Northern Hemisphere. *J. Asian Earth Sci.*, **40**, 1203-1213 より Fig. 3.

図 4.9　Koizumi, I., Tada, R., Narita, H., Irino, T., Aramaki, T., Oba, T., and Yamamoto, H., 2006. Paleocenographic history around the Tsugaru Strait between the Japan Sea and the Northwest Pacific Ocean since 30 cal kyr BP. *Palaeogeogr. Palaeoclimatol. Palaeoecol.*, **232**, 36-52 より Fig. 7.

図 4.10　Ikeda, A., Ochiai, K., and Koizumi, I., 1999. Late Quaternary paleoceanographic changes off southern Java. *Quaternary Res.*, **38**, 387-399 より Fig. 1.

図 4.11　Ikeda, A., Ochiai, K., and Koizumi, I., 1999. Late Quaternary paleoceanographic changes off southern Java. *Quaternary Res.*, **38**, 387-399 より Fig. 10.

図 4.12　Hemming, S.R., 2004. Heinrich events: marine late Pleistocene detritus layers of the North Atlantic and their global climate imprint. *Rev. Geophy.*, **42**, PG1005, 1-43 より Fig. 4 の a, d-e.

Koizumi, I., and Yamamoto, H., 2010. Paleoceanographic evolution of North Pacific surface water off Japan during the past 150,000 years. *Marine Micropaleontol.*, **74**, 108-118 より Fig. 6 の一部.

Koizumi, I., and Yamamoto, H., 2011. Oceanographic variations over the last 150,000 yr in the Japan Sea and synchronous Holocene with the Northern Hemisphere. *J. Asian Earth Sci.*, **40**, 1203-1213 より Fig. 4 の一部.

図コラム 6　Ruddiman, W.F., 2003a. The anthropogenic greenhouse era began thousands of years ago. *Clim. Change*, **61**, 261-293 より Fig. 10.

小泉 格, 1995. 日本列島周辺の海流と日本文化. 小泉 格・田中耕司編,「講座「文明と環境」**10**,

海と文明,1-11 より図1.5.
第5章
図5.1 Lisiecki, L.E., and Raymo, M.E., 2005. A Pliocene-Pleistocene stack of 57 globally distributed benthic $\delta^{18}O$ records. *Paleoceanography*, **20**, PA1003 より Fig. 4 の一部.
Müller, U.C., and Pross, J., 2007. Lesson from the past: present insolation minimum holds potential for glacial inception. *Quaternary Sci. Rev.*, **26**, 3025-3029 の Fig. 2 の一部.
バローズ,W.J., 2003. 松野太郎監訳, 大淵 済・谷本陽一・向川 均訳. 気候変動―多角的視点から. 371 頁より図2.6 の一部.

図5.2 Loutre, M.F., and Berger, A., 2003. Marine Isotope Stage 11 as an analogue for the present interglacial. *Glob. Planet. Change*, **36**, 209-217 より Fig. 1.

図5.3 Ruddiman, W.F., 2003a. The anthropogenic greenhouse era began thousands of years ago. *Clim. Change*, **61**, 261-293 より Fig. 8c.

図5.4 Ruddiman, W.F., 2005. Cold climate during the closets Stage 11 analog to recent Millennia. *Quaternary Sci. Rev.*, **24**, 1111-1121 より Fig. 1b.

図5.5 Ruddiman, W.F., 2005. Cold climate during the closets Stage 11 analog to recent Millennia. *Quaternary Sci. Rev.*, **24**, 1111-1121 より Fig. 1b.

図5.7 Petit, J.R., Jouzel, J., Raynaud, D., Barkov, N.I., Barnola, J.-M., Basile, I., Bender, M., Chappellaz, J., Davis, M., Delaygue, G., Delmotte, M., Kotlyakov, Legrand, M., Lipenkov, V.M., Lorius, C., Pépin, L., Ritz, C., Saltzman, E., and Stievenard, M., 1999. Climate and atmospheric history of the last 420,000 years from the Vostok ice core. *Nature*, **399**, 429-437 より Fig. 3.

図5.8 Ruddiman, W.F., 2005. Cold climate during the closets Stage 11 analog to recent Millennia. *Quaternary Sci. Rev.*, **24**, 1111-1121 より Fig. 4.

図5.9 EPICA community members, 2004. Eight glacial cycles from an Antarctic ice core. *Nature*, **429**, 623-628 より Fig. 3 を改変.

図5.10 Kanfoush, S.L., Hodell, D.A., Charles, C.D., Janecek, T.R., and Rack, F.R., 2002. Comparison of ice-rafted debris and physical properties in ODP Site 1094 (South Atlantic) with the Vostok ice core over the last four climatic cycles. *Palaeogeogr. Palaeoclimatol. Palaeoecol.*, **182**, 329-349 より Figs. 11 と 12.

図5.11 de Vernal, A., and Hillaire-Marcel, C., 2008. Natural variability of Greenland climate, vegetation, and ice volume during the past million years. *Science*, **320**, 1622-1625 より Fig. 2.

図5.12 Bauch, H.A., Erlenkeuser, H., Helmke, J.P., and Struck, U., 2000. A paleoclimatic evaluation of marine oxygen isotope stage 11 in the high-northern Atlantic (Nordic seas). *Glob. Planet. Change*, **24**, 27-39 より Fig. 6.

図5.13 McManus, J., Oppo, D., Cullen, J., and Healey, S., 2003. Marine Isotope Stage (MIS 11): analog for Holocene and future climate? Earth's Climate and Orbital Eccentricity: The Marine Isotope Stage 11 question, *Geophys. Monogr.*, **137**, 69-85, Amer. Geophys. Union より Fig. 7.

図5.14 Desprat, S., Goñi, M.F.S., Turon, J.-L., McManus, J.F., Loutre, M.F., Duprat, J., Malaizé, B., Peyron, O., and Peypouquet, J.-P., 2005. Is vegetation responsible for glacial inception during periods of muted insolation changes?. *Quaternary Sci. Rev.*, **24**, 1361-1374 より Fig. 6.

図5.15 Le, J., Mix, A.C., and Shackleton, N.J., 1995. Late Quaternary paleocenaography in the eastern equatorial Pacific Ocean from planktonic fotaminifers: a high-resolution recorded from Site 846. In Pisias, N.G., Janecek, T.R., Palmer-Julson, A., and van Andedl, T.H. (eds.) *Proc. ODP, Sci. Results*, **138**, 675-686, College Station, TX: Ocean Drilling Program より Fig. 5 を改変.

図5.16 Lyle, M., Koizumi, I., Delaney, M.L., and Barron, J.A., 2000. Sedimentary record of the California current system, Middle Miocene to Holocene: A synthesis of Leg 167 results. In Lyle,

M., Koizumi, I., Richter, C., and Moore, T.C., Jr. (eds.) *Proc. ODP, Sci. Results*, **167**, 341-376, College Station, TX: Ocean Drilling Program より Fig. 28.

図5.17　Hao, Q., Wang, L., Oldfield, F., Peng, S., Qin, L., Song, Y., Xu, B., Qiao, Y., Bloermendal, J., and Guo, Z., 2012. Delayed build-up of Arctic ice sheets during 400,000-year minima in insolation variability. *Nature*, **490**, 393-396 より Fig. 2.

図5.18　Loutre, M.F., 2003. Clues from MIS 11 to predict the future climate-a modeling point of view. *Earth Plan. Sci. Lett.*, **212**, 213-224 より Figs. 1 と 2.

図5.19　Loutre, M.F., and Berger, A., 2003. Marine Isotope Stage 11 as an analogue for the present interglacial. *Glob. Planet. Change*, **36**, 209-217 より Figs. 4 と 5.

図5.20　Raynaud, D., Loutre, M.F., Ritz, C., Chappellaz, J., Barnola, J.-M., Jouzel, J.,Lipenkov, V.Y., Petit, J.-R., and Vimeux, F., 2003. Marine Isotope Stage (MIS) 11 in the Vostok ice core: CO_2 forcing and stability of East Antarctica. Earth's Climate and Orbital Eccentricity: The Marine Isotope Stage 11 Question. 27-40, *Geophy. Monogr.*, **137**, Amer. Geophys. Union より Fig. 5 を改変.

図5.21　Desprat, S., Goñi, M.F.S., Turon, J.-L., McManus, J.F., Loutre, M.F., Duprat, J., Malaizé, B., Peyron, O., and Peypouquet, J.-P., 2005. Is vegetation responsible for glacial inception during periods of muted insolation changes?. *Quaternary Sci. Rev.*, **24**, 1361-1374 より Fig. 7.

図5.22　Hao, Q., Wang, L., Oldfield, F., Peng, S., Qin, L., Song, Y., Xu, B., Qiao, Y., Bloermendal, J., and Guo, Z., 2012. Delayed build-up of Arctic ice sheets during 400,000-year minima in insolation variability. *Nature*, **490**, 393-396 より Fig. 4 を改変.

著者略歴
1937 年　台湾省竹東に生まれる
1963 年　東北大学理学部地学第一学科卒業
1968 年　東北大学大学院理学研究科博士課程修了
現　　在　北海道大学名誉教授，理学博士

主要著書
『海底に探る地球の歴史』（1980 年，東京大学出版会）
『氷河時代の謎をとく』（1982 年，翻訳，岩波書店）
『講座文明と環境 1　地球と文明の周期』（1995 年，
　2009 年新装版，共編，朝倉書店）
『日本海と環日本海地域』（2006 年，角川学芸出版）
『図説　地球の歴史』（2008 年，朝倉書店）
『珪藻古海洋学―完新世の環境変動』（2011 年，
　東京大学出版会）

鮮新世から更新世の古海洋学
珪藻化石から読み解く環境変動

2014 年 10 月 20 日　初　版

［検印廃止］

著　者　小泉　格（こいずみ　いたる）
発行所　一般財団法人　東京大学出版会
代表者　渡辺　浩
153-0041　東京都目黒区駒場 4-5-29
http://www.utp.or.jp/
電話 03-6407-1069　FAX 03-6407-1991
振替 00160-6-59964
印刷所　株式会社暁印刷
製本所　誠製本株式会社

ⓒ2014 Itaru Koizumi
ISBN 978-4-13-066711-1　Printed in Japan

JCOPY 〈(社)出版者著作権管理機構　委託出版物〉
本書の無断複写は著作権法上での例外を除き禁じられています．複写される場合は，そのつど事前に，(社)出版者著作権管理機構（電話 03-3513-6969, FAX 03-3513-6979, e-mail: info@jcopy.or.jp）の許諾を得てください．

小泉 格
珪藻古海洋学
完新世の環境変動　　　　　　　　　　　　　　　A5判・220頁・3400円

川幡穂高
地球表層環境の進化
先カンブリア時代から近未来まで　　　　　　　　A5判・308頁・3800円

川幡穂高
海洋地球環境学
生物地球化学循環から読む　　　　　　　　　　　A5判・288頁・3600円

鹿園直建
地球システム環境化学　　　　　　　　　　　A5判・278頁・5400円

岩田修二
氷河地形学　　　　　　　　　　　　　　　　B5判・392頁・8200円

日本第四紀学会・町田 洋・岩田修二・小野 昭 編
地球史が語る近未来の環境　　　　　　　　　4/6判・274頁・2400円

速水 格
古生物学　　　　　　　　　　　　　　　　　A5判・228頁・3400円

小宮山宏・武内和彦・住 明正・花木啓祐・三村信男 編
サステイナビリティ学2
気候変動と低炭素社会　　　　　　　　　　　A5判・192頁・2400円

ここに表記された価格は本体価格です．ご購入の
際には消費税が加算されますのでご了承ください．